In der Cornelsen Lernen App findest du viele Angebote für dieses Buch.

Achte in deinem Buch auf diese Zeichen:

- ▶ Hilfe — Hole dir **Hilfe** für eine Aufgabe in der App.
- ▶ Extra — Hole dir **extra** Material in der App.
- ▶ Quiz — Mache das **Quiz** in der App. Finde heraus, was du schon kannst.
- ▶ Audio — Höre das **Audio** in der App.
- ▶ Video — Sieh das **Video** in der App an.

In den Ferien – ein Chat-Gespräch untersuchen

Efe, Berat und Neele nutzen Emojis.
Das sind kleine Bilder, zum Beispiel von Gesichtern.

3 Welche Aussagen passen zu den Emojis? Ordnet zu. ▶ Extra

→ Cool! • Oh nein! • Ich muss weg! • Das klingt toll!

4 Male die Emojis aus dem Chat auf. Schreibe die Bedeutung dazu.

Efe, Berat und Neele nutzen auch besondere Abkürzungen.

5 a) Findet die Abkürzungen im Chat.
b) Wofür stehen die Abkürzungen? Ordnet zu. ▶ Extra

→ Wochenende • jetzt • Alles klar • Liebe Grüße

6 Schreibe die Abkürzungen mit ihrer Bedeutung auf.

7 Warum nutzen die Kinder wohl Emojis und Abkürzungen? Arbeitet in drei Schritten: allein – zu zweit – in der Klasse. ▶ Think – Pair – Share, S. 176
a) Überlege zunächst allein.
b) Sprecht über eure Ergebnisse.
c) Sammelt eure Ergebnisse in der Klasse.

8 Wann nutzt du Emojis und Abkürzungen im Chat? Begründe. ▶ Hilfe

Die Sprache im Chat ist besonders.
Wir nutzen oft Emojis und Abkürzungen.

101

1. Gib die Seitenzahl aus deinem Buch ein.

2. Du siehst die Angebote, die es zu dieser Seite gibt.

3. Wähle das Angebot aus, das du brauchst.

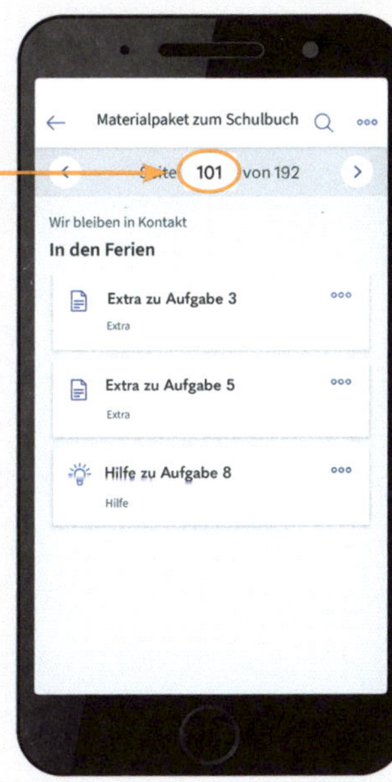

5

Klick!

Deutsch

Herausgegeben von
Dorothee Braun

Erarbeitet von
Heike Huck, Catherine Jaulgey,
Martina Kolbe-Schwettmann, Michaela Krauß,
Barbara Maria Krüss, Silke Montag,
Hanne Strehl, Isabel Tebarth, Siegfried Wengert,
Miriam Wiedner

Unter Beratung von
Gabriele Biela

In der **Cornelsen Lernen App** findest du passend zu deinem Deutschbuch

- Audios
- Videos
- digitale Hilfen und Extras
- interaktive Elemente

Cornelsen

Klick!
Deutsch

Ab Klassenstufe 5

Redaktion: Frederike Schlünder, Susanne Weidmann

Umschlaggestaltung: Anja Rosendahl, Berlin
Umschlagillustration: Nils Fliegner, Hamburg
Layout, Grafik und technische Umsetzung: Klein & Halm Grafikdesign, Berlin

Begleitmaterial für Lernende zu Klick! Deutsch Klasse 5:

Arbeitsheft Schreiben/Lesen 5	978-3-06-062183-5
Arbeitsheft Rechtschreiben/Grammatik 5	978-3-06-062182-8
Schulbuch als E-Book mit Medien	1100031271

www.cornelsen.de

Soweit in diesem Lehrwerk Personen fotografisch abgebildet sind und ihnen von der Redaktion fiktive Namen, Berufe, Dialoge und Ähnliches zugeordnet oder diese Personen in bestimmte Kontexte gesetzt werden, dienen diese Zuordnungen und Darstellungen ausschließlich der Veranschaulichung und dem besseren Verständnis des Inhalts.

Die Cornelsen Lernen App ist eine fakultative Ergänzung zu Klick! Deutsch, die die inhaltliche Arbeit begleitet und unterstützt. Als solche unterliegt sie nicht der Genehmigungspflicht.
Die enthaltenen Links verweisen auf digitale Inhalte, die der Verlag bei verlagsseitigen Angeboten in eigener Verantwortung zur Verfügung stellt. Links auf Angebote Dritter wurden nach den gleichen Qualitätskriterien wie die verlagsseitigen Angebote ausgewählt und bei Erstellung des Lernmittels sorgfältig geprüft.
Für spätere Änderungen der verknüpften Inhalte kann keine Verantwortung übernommen werden.

Dieses Werk berücksichtigt die Regeln der reformierten Rechtschreibung und Zeichensetzung.
Die mit V gekennzeichneten Texte sind aus didaktischen Gründen gekürzt und/oder verändert.

1. Auflage, 1. Druck 2024

Alle Drucke dieser Auflage sind inhaltlich unverändert und können im Unterricht nebeneinander verwendet werden.

Druck: Mohn Media Mohndruck, Gütersloh

ISBN 978-3-06-062181-1

PEFC
PEFC/04-31-1033
PEFC-zertifiziert
Dieses Produkt stammt aus nachhaltig bewirtschafteten Wäldern und kontrollierten Quellen
www.pefc.de

Inhaltsverzeichnis

Inhaltsverzeichnis

Inhaltsverzeichnis

Inhaltsverzeichnis

Inhaltsverzeichnis

Mit dem PC arbeiten 160–165

Lese-Ecke 166–171

Zum Nachschlagen 172–192

Das sind wir – sich kennen lernen

Jeder Mensch hat einen Namen.
Alle in der Klasse sind wichtig.

1 Wie möchtest du deinen Namen gestalten?
Wähle aus den folgenden Vorschlägen aus.

Mein Namens-Schild

Du brauchst: ein Blatt Papier und farbige Stifte.

So geht es:
- Falte das Blatt in der Mitte.
- Schreibe deinen Namen auf eine Hälfte vom Papier. Schreibe groß und deutlich.
- Male Bilder auf dein Namens-Schild. Du kannst auch Bilder ausschneiden und aufkleben.

Mein Namens-Bild

Du brauchst: ein Blatt Papier, einen Stift und Papierschnipsel.

So geht es:
- Schreibe deinen Namen auf das Blatt Papier. Schreibe groß und deutlich.
- Beklebe die Buchstaben mit bunten Papierschnipseln.

Mein Namens-Gedicht

Du brauchst: ein Blatt Papier und farbige Stifte.

So geht es:
- Schreibe deinen Namen von oben nach unten.
- Schreibe Wörter zu deinem Namen auf.

▶ Wörterliste, S. 182–191

→ Wie bist du? • Was magst du? • Was tust du gern?

▶ Hilfe

Meine Namens-Sätze

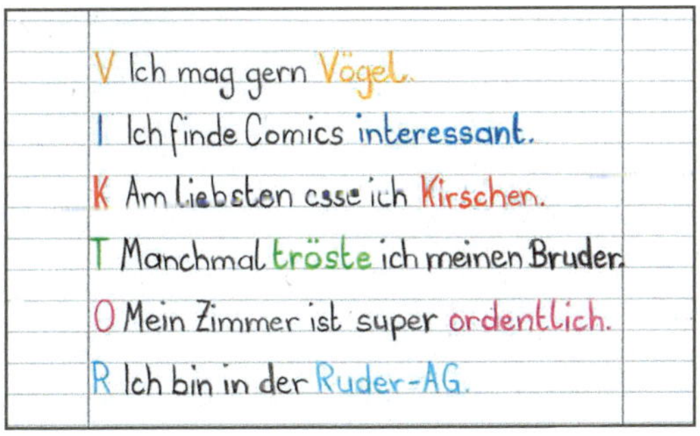

Du brauchst: ein Blatt Papier und farbige Stifte.

So geht es:
- Schreibe deinen Namen von oben nach unten.
- Schreibe Sätze zu deinem Namen auf.

→ Wie bist du? • Was magst du? •
Was tust du gern? • Was kannst du gut?

Das sind wir – unser Klassenraum

Zusammen bildet ihr eine Klasse.
Ihr könnt euren Klassenraum gestalten.

1 Wie wollt ihr euren Klassenraum gestalten?
Wählt aus den folgenden Vorschlägen aus.

Unsere Hand-Bilder

Ihr braucht: Blätter Papier und farbige Stifte.

So geht es:
- Zeichnet die Umrisse eurer Hand auf das Blatt.
- Schreibt euren Namen auf das Blatt.
- Ergänzt Bilder, Fotos, Zeichnungen.

Unsere Schatten-Bilder

Ihr braucht: große Blätter Papier, eine Lampe, farbige Stifte und eine Schere.

So geht es:
- Erstellt Schatten-Bilder von euren Köpfen.
  Nutzt die Methode **Ein Schatten-Bild gestalten.**
- Schneidet die Schatten-Bilder aus.
- Schreibt euren Namen dazu.

Ein Schatten-Bild gestalten

- Wir heften ein großes Blatt Papier an die Wand.
- Wir verdunkeln den Klassenraum.
- Ein Kind setzt sich vor das Papier.
- Ein zweites Kind beleuchtet mit einer Lampe den Kopf des Kindes.
- Der Kopf wirft einen Schatten auf das Papier.
- Das dritte Kind zeichnet mit einem Bleistift den Schatten nach.

Das sind wir – unser Klassenraum

Unser Geburtstags-Kalender

Ihr braucht: große Blätter Papier, Tonpapier, farbige Stifte, eine Schere und Fotos von euch.

So geht es:
- Immer zwei Kinder gestalten ein Monatsblatt.
- Schreibt auf euer Blatt den Monat.
- Wer hat in dem Monat Geburtstag?
  Schreibt die Namen und die Geburtstage auf.
- Ergänzt Bilder, Fotos, Zeichnungen.

Unser Klassenbaum

Ihr braucht: farbiges Tonpapier, farbige Stifte, eine Schere und Fotos von euch.

So geht es:
- Bastelt aus Tonpapier einen großen Baum.
- Schneidet bunte Blätter aus Tonpapier aus.
- Schreibt eure Namen auf die Blätter.
- Klebt die Blätter und eure Fotos an den Baum.

Unsere Freude-Pflanze

Ihr braucht: eine große Pflanze, farbige Karten, Stifte und Bänder.

So geht es:
- Nehmt eine farbige Karte.
- Überlegt: Womit kann ich anderen eine Freude machen?
  Schreibt es auf die Karte.
- Hängt alle Karten an die Pflanze.
- Jeden Morgen wählt ein Kind eine Karte.
  Das Kind macht, was auf der Karte steht.

Das bin ich! –
vor und zu anderen sprechen

Das neue Schuljahr beginnt.
Alle Kinder stellen sich vor.
Jedes Kind wählt einen Gegenstand, der zu ihm passt.

①

→ der Basketball
das Buch
die Gießkanne
der Kochtopf
das Kuscheltier
die Muschel
der Pinsel
das Skateboard
die Zange

Mein Name ist Sina. Ich arbeite gern im Garten. Dort habe ich Blumen gesät.

Hallo! Ich bin Tim und wohne in Niendorf. Ich lese gern und gehe oft in die Bücherei.

②

③

Ich bin Nola.
Ich habe das Skateboard gewählt,
denn ich bin am liebsten im Skatepark.

Hallo! Ich heiße Erik.
Zu mir passt der Topf, weil ich
gern mit meinen Freunden koche.

④

⑤

1 a) Welche Gegenstände erkennt ihr auf dem Tisch?
b) Welchen Gegenstand haben Sina, Tim, Nola und Erik gewählt?

2 Was erzählen die Kinder über sich?

3 Welcher Gegenstand gefällt dir?
Warum passt der Gegenstand zu dir?

**In diesem Kapitel stellt ihr euch gegenseitig vor.
Ihr übt eure Stimme und achtet darauf,
was euer Gesicht und eure Hände ausdrücken.**

Wenn wir vor anderen sprechen,
sollen uns alle gut verstehen.
Dazu können wir unsere Stimme trainieren.

Übung 1: Aufwärmen

1 So groß ist euer Mund:
- Öffnet den Mund weit. Sprecht **a**.
- Lächelt breit. Sprecht **i**.
- Spitzt den Mund. Sprecht **u**.

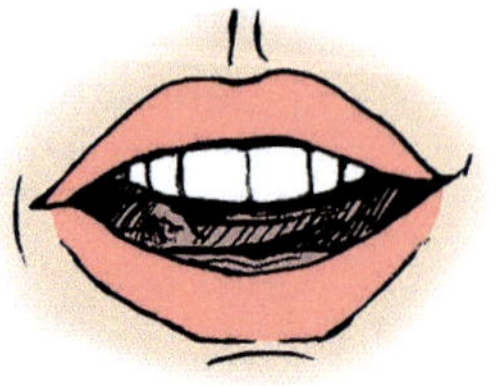

Übung 2: Laute deutlich sprechen

▶ Audio

2 Sprecht die Laute langsam und deutlich:

p t k p t k p t k p t k p t k p t k
p p t t k k p p t t k k p p t t k k p p t t k k

Übung 3: Laute langsam sprechen

▶ Audio

3 Sprecht den Laut am Wortanfang langsam und lang.
Malt dazu einen langen Strich an die Tafel.

→ die Wwwwwelle • das Wwwwwwasser •
die Sssssonne • der Ssssssand •
die Mmmmmmatte • das Mmmmmeer

Übung 4: Wörter deutlich sprechen

4 **a)** Nehmt den Daumenknochen zwischen die Zähne.
Sprecht die Wörter:

→ Pfannkuchen • Kletterwald • Klassenfrühstück

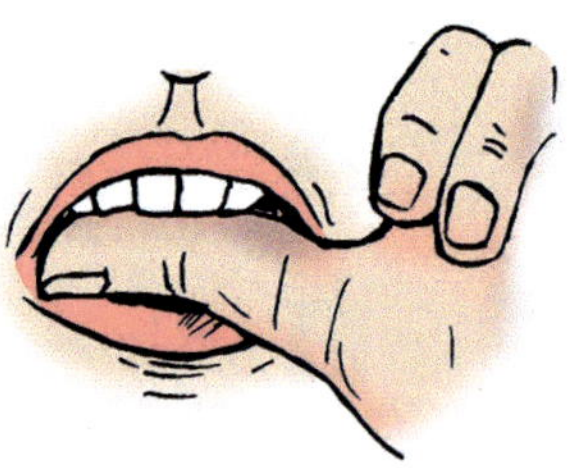

b) Sprecht die Wörter noch einmal ohne Daumenknochen.
Was fällt euch auf?

Wenn wir vor anderen sprechen,
dann sprechen wir langsam, laut und deutlich.

Wir sprechen auch mit dem Körper, mit dem Gesicht und mit den Händen.

① 

② 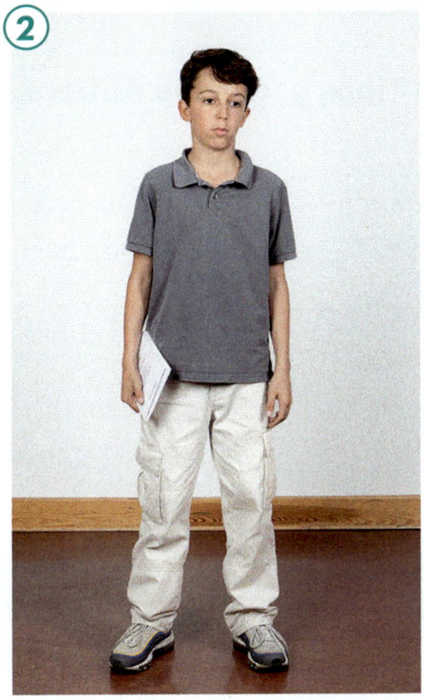

③ 

1 Betrachtet die Fotos.

a) Was tut das Gesicht?

b) Was tun die Hände?

→ die Klasse ansehen • auf den Boden gucken • freundlich lächeln • einen Gegenstand zeigen • in der Hosentasche stecken …

c) Was findet ihr hier gut gelungen?

2 a) Bildet Gruppen.

b) Jedes Kind wählt einen Gegenstand.

c) Sprecht den Satz in der Sprechblase.
Achtet dabei auf euren Gesichtsausdruck und eure Hände.

> Ich heiße … und mein Gegenstand ist …

Wenn wir vor anderen sprechen, achten wir auf unseren Gesichtsausdruck und unsere Hände.

Tipps gegen die Aufregung

Wenn Pia und Max vor einer Gruppe sprechen, sind sie aufgeregt. Das geht vielen so.

Pia und Max sammeln Tipps gegen die Aufregung.

an etwas denken, das ich gut gemacht habe

an ein Lob denken, das ich mal bekommen habe

einen Mutmacher in die Tasche stecken

auf einen Punkt über den Köpfen der anderen schauen

Karteikarten mit Stichworten vorbereiten

1 a) Welche Tipps haben Pia und Max gesammelt?
b) Warum können die Tipps gegen Aufregung helfen? Überlegt für jeden Tipp.

2 Was tun andere, wenn sie aufgeregt sind?
Macht eine Umfrage und sammelt Tipps:
- Fragt zwei Kinder in der Klasse oder auf dem Schulhof.
- Fragt Eltern, Freundinnen oder Freunde.

3 Was tust du, wenn du aufgeregt bist?
a) Überlege für dich: Welcher Tipp kann dir helfen?
b) Entscheide dich für einen Tipp. Du kannst den Tipp auf der nächsten Seite ausprobieren.

Ich stelle mich vor: Das bin ich!

Wer bist du? Du stellst dich der Klasse vor.

1 Was möchtest du über dich erzählen?

a) Wähle einen Gegenstand aus.

b) Mache dir Notizen.

→ mein Name • mein Hobby •
was ihr unbedingt über mich wissen müsst …

→ der Wohnort,
das ♡-Schulfach,
das ♡-Essen,
das ♡-Buch,
das ♡-Spiel,
das ♡-Tier …

Notizen machen

- Ich **brauche Karteikarten** und einen **Stift**.
- Ich **schreibe** auf jede Karte **Wörter zum Thema**.
- Ich kann dazu auch Bilder malen.
- Ich **nummeriere** die Karten
  in der richtigen Reihenfolge.

2 **a)** Übe für dich. Tipp: Sage zu jeder Karte einen Satz.

b) Übt gemeinsam. Stellt euch gegenseitig vor.

c) Gebt euch gegenseitig Tipps:
Was war schon gut? Was könnt ihr noch verbessern?

3 Stelle dich der Klasse vor.
Nutze einen Tipp gegen die Aufregung,
falls nötig.

! Sprich laut und deutlich.
Sieh dabei die Klasse an!

Ihr habt euch gegenseitig vorgestellt.

4 **a)** Was habt ihr Neues gehört?

b) Welche Gemeinsamkeiten entdeckt ihr?

5 Überlege zum Schluss:
- Was kann ich jetzt?
- Was ist immer noch schwer für mich?

In der Schulküche – miteinander sprechen

Die Klasse 5 ist heute in der Schulküche.
Die Kinder backen Kuchen für das Schulfest.
Sie arbeiten in Gruppen.

1

2

3

4

1 a) Wo sind die Schülerinnen und Schüler?
b) Was genau tun sie gerade?
c) Wie reden sie miteinander?

In diesem Kapitel untersucht ihr, wie Gespräche gelingen.
Ihr vereinbart Regeln für eure Gespräche.

Gespräche untersuchen – Regeln vereinbaren

Tim, Sina und Max arbeiten in einer Gruppe.
Sie wollen die Zutaten für den Kuchen abwiegen.
Das sagen Tim, Sina und Max.

▶ Audio

Tim: „Kann ich das Mehl abwiegen?"
Sina: „Nein. Ich mach das."
Max: „Klappe! Ich mach das!"
Tim: „Sprich nicht in diesem Ton!"

1 a) Was will Tim?
b) Was sagt Sina?
c) Was sagt Max?

2 Lest das Gespräch mit verteilten Rollen.

3 Wie sprechen die Kinder miteinander?
Begründet eure Antwort.

→ freundlich • unfreundlich • höflich • unhöflich

4 Wie können die Kinder besser miteinander sprechen?
Spielt das Gespräch.

5 Welche Regel kann Tim, Sina und Max helfen?
Arbeitet in drei Schritten: allein – zu zweit – in der Klasse.

▶ Think – Pair – Share, S. 176

a) Formuliere eine passende Regel.

Gespräche gelingen, wenn wir ...

→ ... andere ausreden lassen.
... anderen zuhören.
... freundlich sprechen.

b) Vergleicht eure Ergebnisse.
c) Einigt euch auf eine gemeinsame Formulierung.

Gespräche untersuchen – Regeln vereinbaren

Auch Erik und Nola arbeiten zusammen.
Sie wollen die Zutaten verrühren.
Das sagen Nola und Erik.

▶ Audio

Nola: „Gib mir mal bitte die ...“
Erik: „Hier hast du die Milch.“

Nola: „Nein, ich brauche die ...“
Erik: „Ach so, hier sind die Eier.“

Nola: „Nein! Lass mich doch mal ausreden! Ich brauche zuerst die Butter.“

1 a) Was will Nola?
b) Was gibt Erik?
c) Wie endet das Gespräch?

2 Lest das Gespräch mit verteilten Rollen.

3 Warum gelingt das Gespräch nicht?

4 Wie können die Kinder besser miteinander sprechen?
Spielt das Gespräch.

5 Welche Regel kann Nola und Erik helfen?
Arbeitet in drei Schritten: allein – zu zweit – in der Klasse.

▶ Think – Pair – Share, S. 176

a) Formuliere eine passende Regel.

Gesprächе gelingen, wenn wir ...

→ ... andere ausreden lassen.
... anderen zuhören.
... freundlich sprechen.

b) Vergleicht eure Ergebnisse.
c) Einigt euch auf eine gemeinsame Formulierung.

Gespräche untersuchen – Regeln vereinbaren

Emra und Paul arbeiten zusammen.
Paul braucht eine Kuchenform. Emra will helfen.
Das sagen Emra und Paul.

▶ Audio

Paul: „Ich brauche die eckige Kuchenform."
Emra: „Hier hast du die Kuchenform!"

Paul: „Nein, das ist eine runde Kuchenform. Ich brauche aber die eckige."
Emra: „Warum sagst du das nicht gleich?"

Paul: „Hab ich doch! Du hast nicht richtig zugehört."

1 a) Was sagt Paul?
b) Was sagt Emra?

2 Lest das Gespräch mit verteilten Rollen.

3 Warum gelingt das Gespräch nicht?

4 Wie können die Kinder besser miteinander sprechen?
Spielt das Gespräch.

5 Welche Regel kann Paul und Emra helfen?
Arbeitet in drei Schritten: allein – zu zweit – in der Klasse.

▶ Think – Pair – Share, S. 176

a) Formuliere eine passende Regel.

Gesprächе gelingen, wenn wir ...

→ ... andere ausreden lassen.
... anderen zuhören.
... freundlich sprechen.

b) Vergleicht eure Ergebnisse.
c) Einigt euch auf eine gemeinsame Formulierung.

Gespräche in der Klasse gelingen,
wenn wir freundlich sprechen.

Nie lässt du mich ausreden.

Halt die Klappe!

Mach mal Platz, jetzt bin ich dran!

Gib endlich den Stift her!

Du nervst mich.

1 a) Wie könnt ihr die Sätze freundlich sagen? Überlegt gemeinsam.
b) Sammelt freundliche Wörter und Sätze.

→ Kannst du bitte …
Ich möchte gern …
Bitte lass mich …
Danke, dass du …

In der Klasse gibt es viele Situationen,
in denen wir miteinander sprechen.
Mit den folgenden Aufgaben könnt ihr Gespräche üben.
Arbeitet in Gruppen. Wählt Ⓐ, Ⓑ oder Ⓒ.

Ⓐ **Efe, Adam und Max arbeiten in der Gruppe.**
Sie gestalten ein Plakat für das Schulfest.

▶ Audio

1 Efe: „Als Erstes überlegen wir uns …“
2 Anna: „In die Mitte schreiben wir …“
3 Max: „Wir sollten auch noch Bilder …“
4 Anna: „Ich will …“
5 Efe: „So kommen wir nicht weiter!“

→ die Überschrift, die wichtigen Informationen

malen, ergänzen, schreiben

2 Worüber sprechen die Kinder genau?

3 Wie kann das Gespräch gelingen?
a) Schreibt das Gespräch vollständig auf.
b) Spielt das Gespräch und lasst euch dabei ausreden.

Gespräche gestalten – Regeln anwenden

(B) Viktor braucht Hilfe bei einer Mathe-Aufgabe. Er fragt Mia.

▶ Audio

1 Viktor: „Kannst du mir bei der Mathe-Aufgabe helfen?“
2 Mia: „Das war heute echt spannend in Mathe!“

3 Viktor: „Mia, ich brauche Hilfe bei der Minus-Aufgabe.“
4 Mia: „Plus-Aufgaben sind einfach.“

5 Viktor: „Aber das ist eine Minus-Aufgabe …“

4 a) Was fragt Viktor?
b) Was antwortet Mia?

5 Wie kann das Gespräch gelingen?
a) Verbessert das Gespräch.
b) Spielt das Gespräch so, dass Mia Viktor zuhört.

→ Welche Aufgabe meinst du? Was genau verstehst du nicht? Wie kann ich dir helfen? …

(C) Elin möchte sich von Tom einen Textmarker leihen.

6 a) Was will Elin?
b) Was sagt Tom?

7 Wie können die Kinder besser miteinander sprechen?
a) Verteilt die Rollen: Elin, Tom, Beobachter.
b) Spielt das Gespräch. Es gibt zwei Möglichkeiten:
- Elin bekommt den Stift.
- Tom behält den Stift.

Sprecht freundlich miteinander.

→ Kann ich bitte … ausleihen?
Ja. Du kannst gern …
Nein. Leider brauche ich …

Regeln vereinbaren und einhalten

Ihr habt untersucht, wie Gespräche gelingen.

1 Welche Regeln sind euch wichtig?
Arbeitet in drei Schritten:
allein – zu zweit – in der Klasse.

▶ Think – Pair – Share, S. 176

a) Überlege, welche Regeln dir wichtig sind.
b) Sprecht über eure Ergebnisse.
c) Sammelt die Regeln in der Klasse.

→ andere ausreden lassen, anderen zuhören, sich melden, leise und deutlich sprechen ...

2 Gestaltet ein Plakat mit euren Regeln.

Ein Plakat gestalten

- Wir **brauchen** ein großes Blatt **Papier** und dicke **Stifte**.
- Wir finden eine passende **Überschrift**.
- Wir entscheiden, welche **Informationen**/Regeln wichtig sind.
- Wir **schreiben groß** und gut **lesbar**.

3 a) Unterschreibt alle das Plakat.
b) Hängt das Plakat in der Klasse auf.

Ihr habt gemeinsam Regeln für Gespräche geübt.

4 Was haben die anderen in den Gesprächen gut gemacht?
Lobt euch gegenseitig.

Ich finde gut, dass du ...
Du kannst gut ...
Das gelingt dir besonders gut: ...

Du kannst stolz darauf sein, dass du so gut zuhörst.

Jedes Lob zeigt, welche der neuen Regeln du schon gut beachtest.

5 Welche Regel möchtest du in den nächsten Tagen beachten?
a) Schreibe die Regel auf einen Zettel.
b) Klebe den Zettel gut sichtbar auf den Tisch.

Höhlen – Sachtexte lesen mit Strategie

Maja und Ben entdecken in der Schul-Bücherei ein Buch über Höhlen. Darin sind viele Bilder.

Was hängt da von der Decke?

Da ist ja ein Loch im Felsen!

1

Luray Caverns, USA

2

Höhle am Dwejra Bay, Malta

3

Grjótagjá-Höhle, Island

In der Höhle ist es aber dunkel!

ein Höhlenforscher

Feen-Grotte, Deutschland

→ eine Höhle, ein See in der Höhle – ein Höhlensee, es tropft, ein Tropfstein – eine Tropfsteinhöhle ...

ein Felsen, ein Licht, offen – eine Öffnung ...

hell – dunkel, feucht, groß – klein, schmal – breit ...

1 Was entdeckt ihr auf den Bildern?

→ Ich entdecke auf Bild ...
Die Höhle auf Bild ... zeigt ...
In der Höhle auf Bild ... ist ...

2 Welche Höhle macht euch neugierig?

3 Was wisst ihr schon über Höhlen?
Arbeitet in drei Schritten: allein – zu zweit – in der Klasse.

a) Überlege, was du schon über Höhlen weißt.
b) Sprecht über eure Ergebnisse.
c) Sammelt eure Ergebnisse in der Klasse.

▶ Think – Pair – Share, S. 176

4 a) Baut eine Höhle. Sie kann zum Beispiel aus Decken, aus einem Karton oder aus Ton sein.
b) Zeigt eure Höhle den anderen.
c) Erzählt etwas zu eurer Höhle.

In diesem Kapitel informiert ihr euch über Höhlen.
Ihr lest Sachtexte mit dem Lese-Profi.

Ein Sachtext über Höhlen – lesen mit Strategie

Maja und Ben möchten mehr wissen. Sie haben Fragen.

Ich finde Höhlen spannend. Aber was genau ist eine Höhle?

Wo gibt es Höhlen? Ich möchte gern mal eine Höhle besuchen.

**Die beiden entdecken im Buch einen Text über Höhlen.
Der Lese-Profi hilft beim Lesen, Schritt für Schritt.**

1 Vor dem Lesen

▶ Lese-Profi, S. 172

▶ Video

a) Ich sehe mir die Bilder an.
Was sagen mir die Bilder über den Text?

b) Ich lese die Überschrift.
Was könnte in dem Text stehen?

c) Ich sehe mir den ganzen Text an.
- Wie viele Abschnitte hat er?
- Welche Schlüsselwörter erkenne ich?

Höhlen

▶ Audio

Atta-Höhle oder Feen-Grotte: Das sind besondere Namen für Höhlen. In Deutschland kennen wir etwa 11 000 Höhlen. Es gibt Höhlen auf der ganzen Welt.

Manche Höhlen sind mehrere Kilometer lang. Ganz tief in eine große Höhle kommt kein Sonnenlicht. Es ist dort dunkel, kühl und feucht.

Eine Höhle ist ein Hohlraum im Felsen. Und wie entsteht eine Höhle? Felsen bestehen aus hartem und weichem Gestein. Manchmal löst Wasser das weiche Gestein auf. Daraus entsteht ein hohler Raum, der langsam größer wird. So formt die Natur von selbst eine Höhle. Das dauert sehr viele Jahre.

Ein Sachtext über Höhlen – lesen mit Strategie

2 Beim Lesen

▶ Lese-Profi, S. 172

a) Ich lese die Schlüsselwörter.
Was verraten mir die Schlüsselwörter über Höhlen?

▶ Video

b) Ich lese den Text einmal durch.
Was weiß ich jetzt über Höhlen?

c) Ich lese den Text genau.

▶ Quiz

3 Nach dem Lesen

Ich kann etwas zum Text aufschreiben.

1 Schreibe jede Frage und die passende Antwort auf.

a) Wo finden wir Höhlen?

→ nur in Deutschland • auf einem Erdteil • auf der ganzen Welt

b) Wie ist es tief in einer Höhle?

→ kühl und trocken • kühl und feucht • warm und feucht

c) Was ist eine Höhle?

→ ein Hohlraum im Felsen • ein tiefer See • ein großer Berg

d) Wie lange dauert die Entstehung einer Höhle?

→ einige Tage • mehrere Monate • sehr viele Jahre

2 Was wisst ihr jetzt über Höhlen?

a) Vergleicht eure Informationen.

b) Macht ein Ketten-Interview:
Ein Kind stellt eine Frage,
ein anderes Kind antwortet.

Wo finden wir ... ?

Wir finden Höhlen ...

Sachtexte über Höhlen – ich informiere mich

Maja und Ben finden weitere Texte im Internet. Die beiden betrachten die Bilder und lesen die Überschriften. Sie wählen einen Text aus.

Tropfsteinhöhlen	**Höhlenmalerei**	**Höhlentiere**	**Höhlenforscher**

1 Welcher Text interessiert dich am meisten?

a) Wähle aus.

b) Lies den Text mit dem Lese-Profi.

2 **a)** Ich lese die Schlüsselwörter. Was verraten sie mir?

b) Ich lese den Text einmal durch. Was weiß ich jetzt?

c) Ich lese den Text genau. Was steht in den Abschnitten?

▶ Lese-Profi, S. 172

▶ Video

Tropfsteinhöhlen

In Tropfsteinhöhlen finden wir Tropfsteine. Die Tropfsteine entstehen durch Wassertropfen.

Das Wasser enthält Kalk und tropft durch die Felsen. Wenn das Wasser verdunstet, bleibt der Kalk zurück. Aus diesem Kalk wächst ein Tropfstein. Der Tropfstein wird immer dicker und länger. Das dauert sehr lange. Ein Tropfstein wächst in 100 Jahren etwa 1 cm.

Einige Tropfsteine wachsen von der Decke nach unten. Andere Tropfsteine wachsen vom Boden in die Höhe.

▶ Quiz

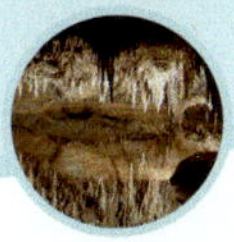

Höhlenmalerei

In manchen Höhlen gibt es Bilder an den Wänden. Die Bilder sind Tausende Jahre alt. Die Menschen in der Steinzeit malten die Bilder.

Die Bilder zeigen oft Mammuts, Wisente oder andere Tiere. Die Menschen in der Steinzeit jagten die Tiere. ▶ Quiz

Höhlentiere

Manche Tiere leben immer in Höhlen. Die Tiere sind an das Leben in Höhlen angepasst. Höhlentiere sind meist blind, weil es in Höhlen dunkel ist. Die Haut ist farblos, weil das Sonnenlicht fehlt. Höhlentiere sind eher klein.

Höhlentiere haben aber eine feine Nase und einen sehr guten Tastsinn. Deshalb finden die Tiere die Nahrung auch im Dunkeln. ▶ Quiz

Höhlenforscher

Höhlenforscher untersuchen Höhlen genau. Sie erstellen Pläne oder Karten von den Höhlen. Die Forscher sind oft mehrere Tage und Nächte in der Höhle. Sie entdecken immer neue Sachen. Das ist anstrengend, aber auch aufregend.

In den Höhlen ist es sehr dunkel. Die Forscher müssen viel klettern. Sie brauchen deshalb feste Kleidung, einen Helm und eine Stirnlampe für das Licht. ▶ Quiz

Die Informationen aufschreiben

Maja und Ben klären, was sie nicht verstanden haben.
Sie notieren, was sie interessant finden.

Das finden die anderen aus der Klasse bestimmt auch interessant!

Was ist ein Mammut?

1 Welche Wörter habt ihr nicht verstanden?
Klärt die Wörter gemeinsam.

2 Was findest du wichtig und interessant?
- Wähle den passenden Zettel aus und ergänze ihn.
- Notiere zu jedem Abschnitt Wörter und Wortgruppen.

Tipp: Die Schlüsselwörter helfen dir.

Tropfsteinhöhlen
Tropfsteine
...

Höhlentiere
an das Leben in Höhlen angepasst ...

Höhlenmalerei
Bilder
...

Höhlenforscher
untersuchen Höhlen
...

Du überprüfst, ob du alles verstanden hast.
Arbeitet zu zweit oder in der Gruppe.

3 Informiere die anderen über das, was du gelesen hast.
- Nimm deinen Zettel zur Hilfe.
- Sprich langsam und deutlich.

Tipp: Lies den Text noch einmal, wenn du unsicher bist.

Du möchtest mehr über Höhlen erfahren?
Du kannst noch einen Text von Seite 30 oder 31 lesen.

Ein Lapbook gestalten

Du kannst zu den Texten ein Lapbook für dich gestalten.
Arbeite allein oder arbeitet zu zweit.

1 Welche Texte hast du gelesen? Nimm deine Notizen.

- **Höhlen**
- **Tropfsteinhöhlen**
- **Höhlenmalerei**
- **Höhlentiere**
- **Höhlenforscher**

2 Gestalte ein Lapbook. Du kannst auch Bilder dazu malen.

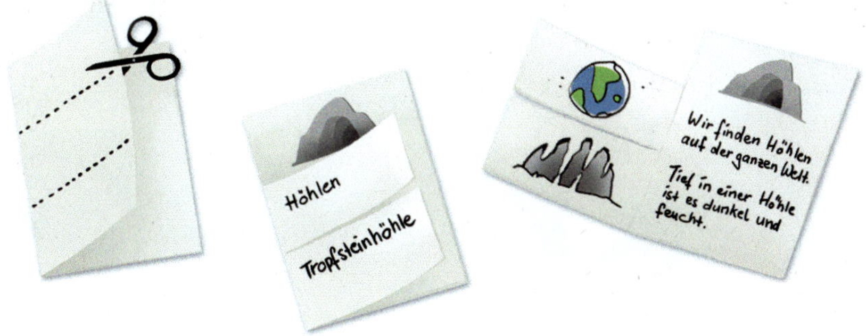

Du hast Sachtexte mit dem Lese-Profi gelesen.

3 Was war leicht für dich? Was hilft dir beim Lesen?

a) Wähle aus:

→
- Ich sehe mir immer zuerst die Bilder an.
- Ich kann die Abschnitte in einem Text erkennen.
- Ich kenne die drei Schritte vom Lese-Profi.
- …

b) Ergänze einen eigenen Satz.

Ich kann jetzt …

→ … genau lesen, einen längeren Text lesen, den Inhalt verstehen, etwas zum Text aufschreiben …

c) Sprecht zu zweit über eure Sätze.

In der Stadt, in der Natur – Hinweise lesen

**Clara, Leon und Svenja treffen sich am Nachmittag.
An ihrem Spielplatz steht ein neues Hinweisschild.**

1 a) Welche Hinweise findet ihr auf dem Schild?
b) Was bedeuten die Hinweise?

→ oben, unten, rechts, links

Clara und Leon haben Fragen:

Wie lange dürfen wir hier spielen?

Darf ich meinen Hund mitbringen?

2 Was fragen die Kinder?
Was könnt ihr darauf antworten?

Ähnliche Schilder findest du an vielen Stellen.

1

2
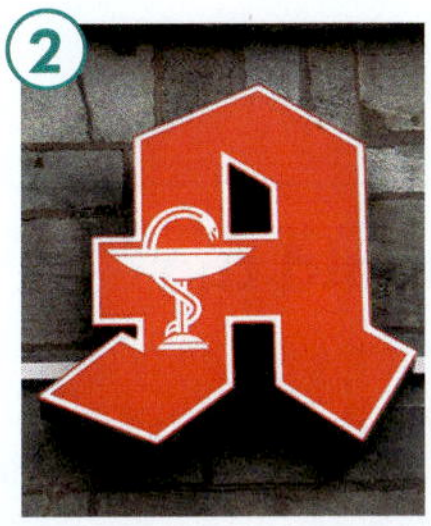

3

4

5

6
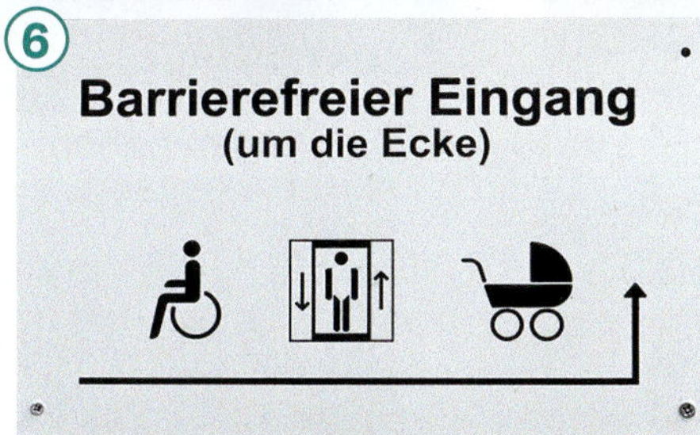

7

8

In der Stadt gibt es noch mehr Schilder.

Ich kenne solche Schilder auch aus dem Wald.

3 a) Welche Schilder kennt ihr?
b) Wo entdeckt ihr die Schilder?
c) Was bedeuten die Schilder?

4 Welche Schilder gibt es in eurer Umgebung?
Erkundet eure Umgebung.
Ihr könnt auch Fotos machen.

In diesem Kapitel lest ihr Hinweise und erfahrt wichtige Informationen. Ihr lest Hinweisbilder und lernt die Bedeutung.

Hinweistafeln lesen

Leon, Svenja und Clara gehen in den Wald.
Am Waldrand steht eine Hinweistafel.
Darauf stehen kurze, wichtige Informationen.

Das können wir im Wald tun

joggen

auf Wegen gehen

Rad fahren auf breiten Wegen

Tiere beobachten

Pilze sammeln

sich erholen

1 a) Worüber informiert die Hinweistafel?
b) Was zeigen die Bilder?

2 Was könnt ihr alles im Wald machen?
a) Schreibt die Informationen auf.
b) Ergänzt eigene Bilder und Ideen.

Wir können im Wald joggen.

Manche Hinweise sind mit Worten geschrieben.
Andere Hinweise sind nur als Bilder gemalt.

3 Zu welchem Hinweis auf der Tafel passt das Bild?

Was ist erlaubt? Was ist notwendig? Was ist verboten?

Im Wald ist manches notwendig. Manches ist verboten.

1 a) Was ist notwendig? Was ist verboten?
b) Woran erkennt ihr das?

Die folgenden Hinweise zeigen, was erlaubt, notwendig oder verboten ist.

2 Was bedeuten die Hinweise?
Arbeitet in drei Schritten: allein – zu zweit – in der Klasse.
a) Überlege, was die Hinweise bedeuten.
b) Schreibt die Bedeutung auf.

Wir dürfen fotografieren.
Wir müssen Hunde ...
Wir dürfen nicht ...

c) Sammelt eure Ergebnisse in der Klasse.

▶ Quiz
▶ Think – Pair – Share, S. 176

→ Etwas ist erlaubt:
Wir dürfen ...

Etwas ist verboten:
Wir dürfen nicht ...

Etwas ist notwendig:
Wir müssen ...

Einen Handzettel lesen, Wörter klären

Wie können wir den Wald schützen?
Leon, Svenja und Clara lesen einen Handzettel mit Hinweisen.

Wie wir den Wald schützen können

Zum Schutz von Tieren und Pflanzen beachten wir diese Hinweise:

Wir bleiben auf den Wegen.
Wir pflücken keine Pflanzen.
Wir nehmen den Müll wieder mit.
Wir machen keine lauten Geräusche.
Wir nehmen Rücksicht auf die Tiere.
Wir benutzen nur die erlaubten Rastplätze.
Wir befahren die Waldwege nicht mit Motorfahrzeugen.

1 **a)** Welche Hinweise versteht ihr?
b) Was versteht ihr nur schwer? Begründet.

Svenja und Leon verstehen nicht alle Wörter.

Hier steht das Wort Geräusche.

Was bedeutet das Wort?

Clara kennt Wege, wie sie die Bedeutung der Wörter findet:

Ich lese den Satz noch einmal.

Ich frage ein anderes Kind.

Ich frage meine Lehrerin oder meinen Lehrer.

Ich schlage das Wort nach. → nachschlagen: im Wörterbuch, im Internet …

2 **a)** Mache es wie Clara. Wähle einen Weg.
b) Finde die Bedeutung.

Geräusche …

Einen Handzettel lesen, Wörter klären

3 a) Finde auf dem Handzettel weitere unbekannte Wörter. →
b) Kläre die Bedeutung der Wörter.
c) Erkläre die Bedeutung einem anderen Kind.

der Schutz – schützen, der Rastplatz, die Rücksicht – Rücksicht nehmen, der Waldweg, das Motorfahrzeug – das Fahrzeug – fahren ...

Unbekannte Wörter klären

Ich lese ein Wort, das ich nicht verstehe.
Ich will wissen, was das Wort bedeutet.
Das kann ich machen:

- Ich lese den Satz noch einmal. Ich versuche, das Wort aus dem Zusammenhang zu verstehen.
- Ich frage ein anderes Kind.
- Ich finde die Bedeutung des Wortes in einem Wörterbuch oder im Internet.
- Ich frage meine Lehrerin oder meinen Lehrer.

Die Kinder haben den Handzettel gelesen.
Svenja fragt:

Warum sind die Hinweise wichtig?

4 Wähle eine Frage aus und beantworte sie.

- Warum müssen wir auf den Wegen bleiben?
- Warum dürfen wir keine Pflanzen pflücken?
- Warum dürfen wir keine lauten Geräusche machen?
- Warum dürfen wir nur die Rastplätze benutzen?

Wir müssen ..., weil ....

▶ Hilfe

5 Sammelt eure Antworten in der Klasse.

Im Naturschutzgebiet

Manche Gebiete in der Natur sind besonders geschützt.
Hier leben seltene Tiere und Pflanzen.

Naturschutzgebiet

Bitte beachte folgende Hinweise zum Schutz von Pflanzen, Tieren und ihren Lebensräumen:

Bleibe auf den Wegen.

Lass keinen Müll liegen.

Pflücke keine Pflanzen.

Nimm den Hund an die Leine.

Entzünde kein Feuer.

Sei leise und störe keine Tiere.

1 a) Worüber informiert die Hinweistafel?
b) Welche Hinweise kennt ihr schon?
c) Welche Hinweise versteht ihr?

2 Welche Wörter habt ihr nicht verstanden?
Klärt die Bedeutung.

▶ Unbekannte Wörter klären, S. 39

3 Was tut ihr im Naturschutzgebiet? Was tut ihr nicht?
a) Formuliert die Hinweise mit eigenen Worten.

Wir bleiben ...

→ Wir lassen ...
Wir nehmen ...
Wir pflücken keine ...

b) Vergleicht eure Ergebnisse.

Hinweisbilder gestalten

**Oft reicht ein Bild als Hinweis.
Ein Hinweisbild ist so einfach gemalt,
dass alle die Information gleich verstehen.**

1 Malt ein eigenes Hinweisbild, zum Beispiel:
- für eine Klassenregel.
- für ein Fach im Stundenplan.

→ Wir helfen uns ...
Deutsch, Mathe ...

2 Nehmt ein zweites Blatt Papier.
Schreibt in einem Satz auf, was euer Hinweisbild bedeutet.

3 Welcher Satz passt zu welchem Hinweisbild?
a) Macht ein Ratespiel in der Klasse.
b) Wertet aus: Welche Hinweisbilder könnt ihr gut verstehen?

Du hast Hinweise in Worten und Bildern gelesen.

4 Warum sind Hinweise für uns wichtig?
Ergänze die Satzanfänge.

→
- Hinweise sorgen dafür, dass ...
- Sie helfen uns, damit ...
- Sie zeigen uns, was ...

5 Was kannst du jetzt?
a) Wähle für dich passende Sätze aus.
b) Schreibe die Sätze auf.

→
- Ich weiß, warum Hinweise wichtig sind.
- Ich finde Hinweise in der Umgebung.
- Ich weiß, wie ich unbekannte Wörter kläre.
- Ich kann einige Hinweisbilder lesen.

Ich und du, du und ich! – Gedichte lesen und vortragen

Es gibt Menschen, die für uns ganz besonders sind.

1

2

3

4

1 **a)** Was seht ihr auf den Bildern?
b) Was sagen die Kinder?

→ die Kinder, das Mädchen, der Junge … spielen, sprechen, lachen, trösten …

**Wir können einem anderen Menschen sagen,
dass er für uns ganz besonders ist.**

Renate Welsh

Die Brücke

Worte Worte Worte
Worte Worte Worte Worte
Worte Worte
Worte Worte
ICH Worte Worte DU V

Du bist so nett.
Du bist genial.
Jemanden wie dich
gibt's nicht noch mal!

Georg Bydlinski

Wann Freunde wichtig sind

[...] Freunde sind wichtig zum Videospielen,
Freunde sind wichtig, im Dreck rumzuwühlen,
Freunde sind wichtig zum Träumen und Reden,
Freunde sind einfach wichtig für jeden. [...] V

2 Das erste Gedicht heißt **Die Brücke**.

a) Wie sieht das Gedicht aus?
b) Woraus besteht die Brücke?
c) Wie kann das Ich das Du erreichen?

3 Welches Gedicht gefällt euch am besten? Warum?

**Jeder ist für einen anderen Menschen etwas Besonderes.
In diesem Kapitel lest ihr Gedichte darüber.**

Ich wünsche mir von dir ... – ein Gedicht lesen

In diesem Gedicht sagt ein Ich einem Du, was es sich von ihm wünscht.

1 Lest das Gedicht laut.

Marianne Kreft

Liebe Aygün!

▶ Audio

Schenk mir deine Wörter,
schenk sie mir bald,
Wörter für Himmel,
für Sonne und Wald.
Wörter für Wiesen
mit Blumen bestreut,
Wörter für Flüsse,
für unendlich weit.

Wörter für Schafe,
mit Fellen ganz dicht,
Wörter für Türme,
wie Glas so licht*.
Wörter für Freundschaft,
für Frieden und Liebe
sind Wörter für Kinder,
für unsere Spiele.

the sky
niebo
el cielo
nebo

the sun
güneş
le soleil
nap

rijeke
i fiumi
the rivers
реки

ovčí
lambad
the sheep
delet

* licht: hell

2 Die Überschrift vom Gedicht heißt **Liebe Aygün!**.
Wer könnte Aygün für das Ich sein?

Ich wünsche mir von dir ... – ein Gedicht lesen

Gedichte haben oft kurze Zeilen. Die Zeilen heißen Verse.
In diesem Gedicht gehören immer zwei Verse zusammen.

1 Schenk mir deine Wörter,
2 schenk sie mir bald [...] V

3 Lest die zwei Verse laut.

4 Was wünscht sich das Ich von Aygün?

5 Welche Wörter wünscht sich das Ich genau?
a) Lest abwechselnd je zwei Verse.
b) Schreibt die Wörter an die Tafel.

Die Wörter sind für das Ich ein Geschenk.

6 Warum sind wohl diese Wörter wichtig für das Ich?
Arbeitet in drei Schritten: allein – zu zweit – in der Klasse.
a) Überlege zunächst allein.
b) Sprecht über eure Antworten.
c) Sammelt eure Antworten in der Klasse.

▶ Think – Pair – Share, S. 176

7 Welche zwei Verse würden dir besonders gefallen,
wenn das Gedicht für dich wäre?
a) Schreibe die Verse ab.
b) Male ein Bild dazu.

8 Welche Wörter könnte sich das Ich noch wünschen?
Welche Wörter würdet ihr euch wünschen?

Wörter für ...
mit ...

Wörter für ...
für...

→ Fische, Flossen, bunt ...
das Meer, tief, blau ...
der Park, die Bäume ...
eine Brücke ...

Ich mag an dir … – ein Gedicht lesen

In diesem Gedicht sagt ein Ich einem Du, warum es das Du mag.

1 Lest das Gedicht laut.

Norbert van Tiggelen

Für dich

▶ Audio

Ich kenne einen Menschen,
ich mag ihn wirklich sehr;
er fährt kein schweres Auto
und ist kein Millionär.

Er hat das ganz Bestimmte:
Humor* und Heiterkeit** –
und was ich an ihm schätze***,
ist seine Ehrlichkeit.

Er bringt mich oft zum Lächeln;
in dieser grauen Welt
er mir mit seinen Worten
so manchen Tag erhellt****.

Er braucht von mir kein Geld
und hört auch gern mal zu,
bin froh, dass ich ihn habe –
denn dieser Mensch bist du!

* er hat Humor: er bringt mich zum Lachen
** die Heiterkeit: die gute Laune
*** ich schätze an ihm: ich mag an ihm
**** er erhellt mir den Tag: er macht mir eine Freude

2 **a)** Was fühlt das Ich für das Du?
b) Wer könnte das Du sein?

→ eine Freundin, ein Freund, jemand aus der Familie

Ich mag an dir … – ein Gedicht lesen

Das Gedicht hat Abschnitte. Sie heißen Strophen.
In jeder Strophe sagt das Ich etwas Besonderes.

3 Was sagt das Ich in Strophe 2 und Strophe 3?
Arbeitet in zwei Gruppen.
- Eine Gruppe liest Strophe 2:
  Was mag das Ich an dem Du?
- Eine Gruppe liest Strophe 3:
  Was macht das Du für das Ich?

▶ Hilfe

4 Sprecht über eure Ergebnisse.

Manchmal klingen zwei Wörter an den Vers-Enden ähnlich.
Die Wörter reimen sich.

Die Wörter Heiterkeit und Ehrlichkeit klingen ähnlich.

5 Lest das Gedicht laut.

▶ Audio

6 **a)** Welche Wörter reimen sich?
b) Schreibt die Reime an die Tafel.

7 Wie soll deine Freundin oder dein Freund sein?
Sammelt Wörter und Wortgruppen an der Tafel.

Gedichte haben oft kurze Zeilen. Die Zeilen heißen Verse.
Viele Gedichte haben Abschnitte. Sie heißen Strophen.
Die Verse enden oft mit Reimen: genial, noch mal.

Du bist so nett.
Du bist genial.
Jemanden wie dich
gibt's nicht noch mal!

Ich fühle mich … – ein Gedicht vortragen

In diesem Gedicht sagt ein Ich einem Du, wie es sich fühlt.

1 Lest die Überschrift. Was könnte in dem Gedicht stehen?

Elke Bräunling

Allein sein ist nicht schön

Also, du,
hör mal zu:
Ich bin hier so allein!
Ich bin so fremd
in eurer Stadt.
Willst du mein Freund nicht sein?

2 **a)** Wie fühlt sich das Ich?
b) Warum spricht es mit dem Du?

Mit eurer Stimme könnt ihr die Gefühle zeigen und das Gedicht vortragen.

3 Probiert verschiedene Möglichkeiten:
- Welche Gefühle wollt ihr zeigen?
- Welche Wörter wollt ihr besonders laut vortragen?
- Welche Wörter wollt ihr besonders langsam vortragen?

4 **a)** Schreibt das Gedicht mit der Überschrift ab. Lasst über jedem Vers eine Zeile frei.
b) Ergänzt Zeichen für euren Vortrag.

→ | = Pause   < = laut   ← = langsam

Allein sein ist nicht schön |
von Elke Bräunling

Also |, du,
>
hör mal zu: |

Ich bin hier so allein!
<

5 Tragt das Gedicht vor. Wechselt euch ab.

Eine Strophe aus einem Gedicht vorstellen

Ihr stellt eine Strophe aus einem Gedicht vor.

Liebe Aygün | **Für dich** | **Allein sein ist nicht schön**

1 a) Wähle eine Strophe aus einem der Gedichte aus.
b) Schreibe die Strophe auf ein Blatt.
Tipp: Lasse über jedem Vers eine Zeile frei.
c) Schreibe die Überschrift über deine Strophe.

Ihr tragt die Strophe vor. Oder ihr malt oder schreibt dazu.
Arbeite allein oder arbeitet zu zweit.

2 Entscheide dich für Aufgabe 3, 4 oder 5.

3 Übe zu der Strophe einen Gedicht-Vortrag.

4 Gestalte deine Strophe mit eigenen Bildern.

5 Schreibe eine Sprechblase zu deiner Strophe auf:
Was würdest du einem besonderen Menschen sagen?

→ **Ich mag an dir ...** • dein Lachen • deine Träume ...
Du bist ... • mein bester Freund • toll • lustig • witzig ...
Ich bin ... • mit dir nie allein • gerne bei dir • für dich da ...

6 Stellt euch eure Strophen gegenseitig vor.

Du hast Gedichte gelesen und
eine Strophe vorgestellt.

7 Was kannst du jetzt?
Was war leicht für dich?

→ ein Gedicht lesen,
Reimwörter erkennen,
eine Strophe vortragen,
zu einer Strophe malen,
zu einer Strophe schreiben
...

Es war einmal ... –
Märchen lesen und erzählen

Märchen erzählen besondere Geschichten aus alten Zeiten.

1

2

3

4

1 **a)** Was entdeckt ihr auf den Bildern?
b) Was findet ihr besonders?

2 **a)** Welches Bild gefällt dir gut?
b) Was gefällt dir daran?

Die Bilder gehören zu verschiedenen Märchen.

A
Der jüngste Sohn war nur so groß wie ein Daumen. Deswegen hieß der Junge Däumling. V

B
Das Mädchen sagte: „Töpfchen, koche.“ Das Töpfchen kochte süßen Brei. V

C
Als der Müller starb, bekam jeder Sohn etwas. Für den jüngsten Sohn blieb nur der Kater übrig. V

D
In einem fernen Land lebte vor langer Zeit ein Junge. V

3 Welche Bilder passen zu den Ausschnitten?

Märchen werden schon sehr lange und überall auf der Welt erzählt.

In diesem Kapitel lest ihr ein Märchen.
Ihr sammelt die Besonderheiten von Märchen und ihr erzählt ein Märchen zu Bildern.

Der gestiefelte Kater – ein Märchen lesen

Das folgende Märchen erzählt von einem Müllersohn und einem besonderen Kater. Der Lese-Profi hilft dir beim Lesen.

▶ Lese-Profi, S. 172
▶ Video

1 a) Ich sehe mir die Bilder an.
b) Ich lese die Überschrift.
c) Ich sehe mir den ganzen Text an.

Jacob und Wilhelm Grimm

Der gestiefelte Kater

▶ Audio

Es war einmal ein Müller. Er hatte drei Söhne, eine Mühle, einen Esel und einen Kater. Als der Müller starb, bekam jeder Sohn etwas: Der älteste Sohn bekam die Mühle. Der zweite Sohn bekam den Esel. Für den jüngsten Müllersohn blieb nur der Kater übrig. Das machte den Sohn traurig.

Der Müllersohn weinte: „Was soll ich mit dem Kater?“ Der Kater antwortete: „Ich kann dir helfen. Ich brauche von dir nur gute Stiefel.“ „Du sprichst ja!“, wunderte sich der Sohn. „Na gut, ich gebe mein letztes Geld für die Stiefel aus.“ Der Kater zog die Stiefel an und nahm sich einen Sack. Er stellte sich auf und ging zur Tür hinaus. V

1 a) Wie viele Söhne hatte der Müller?
b) Was bekam jeder Sohn nach dem Tod vom Müller?
c) Was ist an dem Kater besonders?

2 Der jüngste Müllersohn bekam den Kater.
Spielt das Gespräch zwischen dem Müllersohn und dem Kater (Zeile 8–16).

Der gestiefelte Kater – ein Märchen lesen

Der Kater wollte dem Müllersohn helfen.

▶ Audio

In dem Land regierte ein König. Der König aß gerne Rebhühner, aber er konnte sie nur schwer fangen. Der Kater ging in den Wald. Mit einem Trick lockte er die Rebhühner in seinen Sack. Als der Sack voll war, ging er damit zum Schloss von dem König.

Der Kater verbeugte sich vor dem König. Er öffnete den Sack und zeigte dem König die Rebhühner. Dann sagte der Kater: „Diese Rebhühner sind ein Geschenk von meinem Herrn. Er ist ein Graf." Der König freute sich: „Das ist mein Lieblingsessen. Ich gebe dir so viel Gold, wie du tragen kannst. Bring das Gold deinem Herrn und danke ihm für das Geschenk."

Der jüngste Müllersohn wusste nichts davon. Er machte sich große Sorgen. „Ich habe mein ganzes Geld für die Stiefel ausgegeben. Was soll ich jetzt machen?", sagte er unglücklich. Da kam der Kater zurück. Er schüttete das Gold aus. „Das Gold ist für dich." Der Kater zog sich die Stiefel aus und erzählte: „Ich habe dem König ein Geschenk gebracht und ihm gesagt, dass du ein Graf bist. Morgen gehe ich wieder zum König." V

3 a) Was machte der Kater im Wald?
b) Worüber freute sich der König?
c) Was brachte der Kater dem Müllersohn?

4 Der Kater ging zum König. Dann ging er zurück zum Müllersohn.
a) Spielt das Gespräch mit dem König (Zeile 22–29).
b) Spielt das Gespräch mit dem Müllersohn (Zeile 30–38).

Der gestiefelte Kater – Besonderheiten von Märchen kennen lernen

Der Kater hatte noch eine Idee.

▶ Audio

Eines Tages sagte der Kater zum Müllersohn: „Komm mit mir zum See.“ Der Müllersohn ging mit, zog sich aus und ging baden. Schnell versteckte der Kater die Kleidung vom Müllersohn. Da kam der König mit seiner Tochter, der Prinzessin, zum See. Der Kater rief: „Herr König, könnt ihr uns helfen? Dem Grafen wurde die Kleidung gestohlen.“

Der König gab dem Müllersohn schöne, neue Kleidung. Nun sah der Müllersohn aus wie ein Graf. Bald feierten der Müllersohn und die Prinzessin Hochzeit. Sie lebten lange glücklich zusammen. Der Kater lebte bei ihnen. V

▶ Quiz

1 a) Wen trafen der Kater und der Müllersohn am See?
b) Was passierte am Ende?

Ihr lernt Besonderheiten von Märchen kennen.
In vielen Märchen gibt es besondere Gegenstände oder märchenhafte Wesen wie eine Zauberin.

① Das Mädchen sagte: „Töpfchen, koche.“
Das Töpfchen kochte süßen Brei.
Dann sagte das Mädchen: „Töpfchen, steh.“
Und das Töpfchen hörte auf. V

② Joringel konnte sich plötzlich nicht mehr bewegen.
Dann berührte ihn die Zauberin mit ihrem Zauberstab. V

2 Was ist das Besondere in diesen Märchen?

3 a) Was ist das Besondere im Märchen **Der gestiefelte Kater**?
b) Schreibt passende Wörter auf. Oder malt ein Bild.

Der gestiefelte Kater – Besonderheiten von Märchen kennen lernen

In vielen Märchen haben Zahlen eine besondere Bedeutung.

1. **Die sieben Raben**
2. **Drei Haselnüsse für Aschenbrödel**
3. **Schneewittchen und die sieben Zwerge**
4. ***Die zwölf Brüder***

4 a) Welche Zahlen entdeckt ihr in diesen Märchen?
b) Welche Zahl entdeckt ihr im Märchen **Der gestiefelte Kater**?
Tipp: Lest noch einmal die Zeilen 1 und 2 auf Seite 52.

Viele Märchen beginnen mit einem besonderen Satzanfang.

1. Es war einmal ein Mädchen. Der Vater und die Mutter waren gestorben ... V
2. Es war einmal eine böse Riesin. Sie sammelte schöne Prinzen ... V

5 a) Wie beginnen diese Märchen?
b) Wie beginnt das Märchen **Der gestiefelte Kater**?
Tipp: Lest noch einmal auf Seite 52 nach.

Viele Märchen haben ein gutes Ende.

1. ... Joringel befreite das Mädchen von dem Zauber. Sie lebten glücklich bis an ihr Lebensende. V
2. ... Auf einmal fielen Goldstücke vom Himmel. Das Mädchen musste nie wieder hungern. V

6 a) Wie enden diese Märchen?
b) Wie endet das Märchen **Der gestiefelte Kater**?

7 Welche Besonderheiten von Märchen habt ihr kennen gelernt?
a) Schreibt die Besonderheiten auf ein Plakat.
b) Nennt Beispiele, zum Beispiel aus einem Märchenbuch.

▶ Ein Plakat gestalten, S. 178

Das Zauberfass – ein Märchen zu Bildern erzählen

Das Zauberfass *nach einem chinesischen Märchen*

1 a) Was entdeckte der Mann?
b) Was fiel der Frau in das Fass?
c) Was passierte in dem Fass?
d) Was war wohl am Ende in das Fass gefallen?

2 Was ist das Besondere in diesem Märchen?
Sammelt eure Ideen in einem Cluster.

▶ Einen Cluster anlegen, S. 178

3 Erzählt zu den Bildern ein Märchen. Arbeitet zu zweit.
a) Was ist in eurem Märchen besonders? Wählt aus:

→ ein märchenhaftes Wesen • ein besonderer Gegenstand • eine Zahl • ein gutes Ende

b) Erzählt zu zweit das Märchen.

Es war einmal ...

Märchenhafte Orte, Wesen und Gegenstände

Mit den folgenden Aufgaben kannst du märchenhafte Orte, Wesen oder Gegenstände gestalten. Wähle Ⓐ oder Ⓑ.

Ⓐ Du gestaltest einen Märchenort.

1 a) Wähle ein Märchen aus, das du kennst.
b) Gestalte einen Märchenort in einem Schuhkarton. Du kannst malen, kleben und Spielfiguren verwenden.

Ⓑ Du erfindest ein Märchenwesen oder einen besonderen Gegenstand.

2 a) Male ein Bild von deinem Wesen oder Gegenstand.
b) Schreibe passende Wörter auf.

→ eine Zauberin, ein Riese, ein Besen, ein Stift, ein verzaubertes Tier ...

Ihr zeigt euch gegenseitig eure Ergebnisse.

3 a) Zeigt euch eure märchenhaften Orte, Wesen und Gegenstände.
b) Was gefällt euch gut?

Mir gefällt gut ...

Du hast ein Märchen gelesen und Besonderheiten von Märchen gesammelt.

4 Was kannst du jetzt? Was war leicht für dich?

→ ein längeres Märchen lesen • einen Ausschnitt spielen • wichtige Zahlen erkennen • märchenhafte Wesen erkennen • besondere Gegenstände erkennen • ein Märchen zu Bildern erzählen ...

5 Was gefällt dir an Märchen?

Mir gefällt an Märchen ...

→ der besondere Anfang, das gute Ende ...

Emil und die Detektive – Ideen zu einem Text gestalten

Emil hat Ferien. Er darf allein mit dem Zug zur Großmutter fahren.
Die Mutter gibt Emil Geld für die Großmutter mit.
Die Mutter hat lange für das Geld gespart.

1 a) Was seht ihr auf den Bildern?
b) Was sagen Emil und seine Mutter?

Emil findet im Zug einen Sitzplatz im Abteil.

2 **a)** Wer sitzt mit Emil in dem Abteil?
b) Welchen Namen nennt der Mann?

Die Geschichte von Emil spielt vor etwa 100 Jahren.
Damals war manches anders als heute.

> Die Geschichte von Emil spielt im Jahr 1928.
> Die Menschen in Deutschland bezahlten damals mit Mark.
> 1 Mark entsprach etwa 3,70 Euro. Es gab noch keine Handys.

3 Was war damals anders?

Ihr lest einen Buchausschnitt über Emils Fahrt nach Berlin.
Ihr erzählt, malt und schreibt zu dem, was ihr gelesen habt.

Einen Buchausschnitt lesen

Der folgende Ausschnitt aus dem Buch erzählt von Emils Fahrt mit dem Zug.

1 Lest den Ausschnitt mit dem Lese-Profi.

2 Beim Lesen

▶ Lese-Profi, S. 172

▶ Video

a) Ich lese die Schlüsselwörter.
Was verraten mir die Schlüsselwörter über die Zugfahrt?

b) Ich lese den Text einmal durch. Was weiß ich jetzt?

c) Ich lese den Text genau.

▶ Audio

[...] „Du fährst nach Berlin?“, fragte Herr Grundeis. „Ja, meine Großmutter wartet am Bahnhof Friedrichstraße“, antwortete Emil. Er fasste sich an seine Jackentasche. Der Briefumschlag knisterte noch immer. Emil packte seine Butterbrote aus. Als er das dritte Butterbrot kaute, hielt der Zug in einem großen Bahnhof an. Fast alle Fahrgäste stiegen aus. [...]

Einen Buchausschnitt lesen

Emil war jetzt mit dem Mann allein. Das gefiel ihm nicht sehr. Er wollte wieder nach dem Briefumschlag fassen. Das traute er sich aber nicht. Als der Zug weiterfuhr, ging Emil zur Toilette. Dort holte er den Briefumschlag aus der Tasche und zählte das Geld. Es stimmte. Aber was sollte er damit machen? Emil war ratlos. Da hatte er eine Idee. Er nahm eine Nadel, die in der Jacke war. Emil steckte sie erst durch die drei Geldscheine, dann durch den Briefumschlag und schließlich durch das Jackenfutter. So, dachte er, nun kann nichts mehr passieren. Und dann ging er ins Abteil zurück. Herr Grundeis hatte sich zurückgelehnt und schlief. [...] Warum der Mann immer den Hut aufbehielt? V

2 Was wisst ihr über Emil?
- Wohin fuhr Emil?
- Wer war mit Emil zusammen im Abteil?
- Was versteckte Emil?
- Wo versteckte er es?

3 Schreibe die Antworten in dein Heft.

▶ Hilfe

das Fahrtziel: ...
die Mitreisenden: ...
das Geheimnis: ...
das Geldversteck: ...

Einen Buchausschnitt lesen

Emil war allein mit Herrn Grundeis im Abteil. ▶ Audio

Emil zuckte zusammen und erschrak. Beinahe wäre er eingeschlafen! Er musste unbedingt wach bleiben. Und dabei war es erst vier Uhr. Noch über zwei Stunden! Er kniff sich ins Bein. In der Schule half das immer, wenn es langweilig war. Dann versuchte er es mit Knopfzählen. Er zählte von oben nach unten. Und dann noch einmal von unten nach oben. Von oben nach unten waren es 23 Knöpfe. Und von unten nach oben 24. Emil lehnte sich zurück. Er überlegte, woran das liegen könnte. Und dabei schlief er ein.

Als Emil aufwachte, fuhr der Zug eben langsam wieder los. Emil setzte sich mit einem Ruck auf und erschrak: Grundeis war weg! Die Knie zitterten ihm. Ganz langsam stand er auf. Jetzt war die nächste Frage: Ist das Geld noch da? Und vor dieser Frage hatte er eine unbeschreibliche Angst. Er griff sich langsam in die rechte innere Tasche. Die Tasche war leer! Das Geld war fort! [...] „Au!“ Emil zog seine Hand aus der Tasche. Die Stecknadel war noch da. [...] V

▶ Quiz

4 a) Wie versuchte Emil, wach zu bleiben?
b) Was entdeckte er nach dem Aufwachen?
c) Wie fühlte sich Emil in dem Moment wohl?

Ideen sammeln

Emil ist allein in Berlin. Das Geld ist weg.
Eigentlich wartet die Großmutter am Blumenstand auf ihn.

1 Was kann Emil tun?
Sammelt eure Ideen in einem Cluster (Ideensammlung).

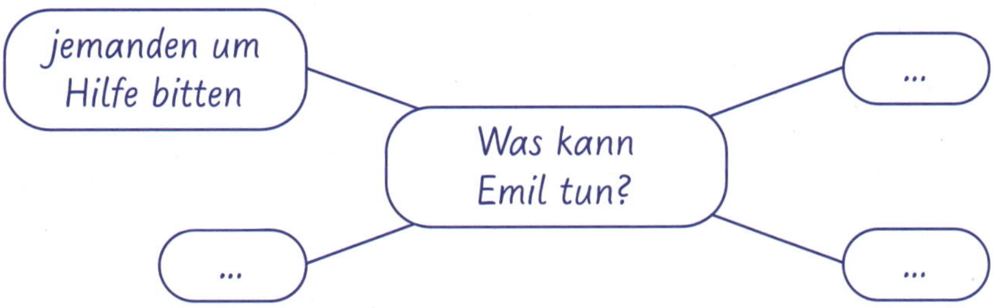

Einen Cluster anlegen

Mit einem Cluster können wir unsere **Ideen** zu einem Thema **sammeln**.
- Wir nehmen ein Blatt **Papier**.
- Wir schreiben in die **Mitte** das **Thema**.
- Wir **kreisen** das Thema **ein**.
- Wir schreiben unsere **Ideen** zum Thema **rundherum**.
- Wir **verbinden** die Ideen **durch Striche** mit dem Thema.

Ihr habt überlegt, was Emil tun kann.
Ihr spielt ein Gespräch, in dem Emil um Hilfe bittet.

2 Überlegt gemeinsam:
- Wen kann Emil fragen?
- Was kann er sagen?
- Was kann die Person antworten?

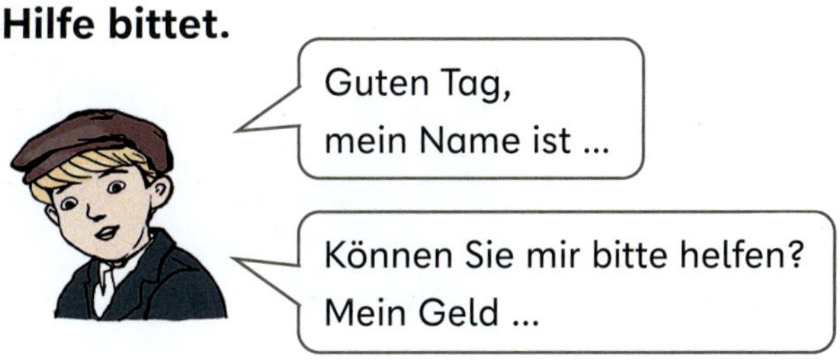

3 **a)** Entscheidet, wer welche Person spielt.
b) Spielt das Gespräch.

Zu einem Ausschnitt erzählen, malen, schreiben

Ihr erzählt, malt oder schreibt zu dem Ausschnitt.
Arbeitet allein, zu zweit oder in der Gruppe.

1 Entscheide dich für Aufgabe 2, 3 oder 4.

2 Du schreibst einen **Plan für Emil**.
- a) Wähle drei Tipps aus dem Cluster.
- b) Schreibe die Tipps für Emil auf.

Plan für Emil
Du kannst ...

3 Ihr erstellt eine **Bild-Text-Collage**.
- a) Einigt euch auf eine Idee aus dem Cluster.
- b) Malt oder schneidet Bilder aus einer Zeitschrift aus.
- c) Ergänzt Sprechblasen oder Denkblasen.

4 Ihr schreibt eine **Fortsetzung der Geschichte**.
- a) Einigt euch auf eine Idee aus dem Cluster.
- b) Ergänzt bei Bedarf weitere Stichworte.
- c) Schreibt die Geschichte weiter.

→ er überlegte, er holte Hilfe, er informierte den Schaffner, er fragte eine Frau, rennen – er rannte, rufen – er rief ...

Die Ergebnisse auf einem Marktplatz zeigen

Ihr zeigt eure Ergebnisse auf einem Marktplatz.

der Plan für Emil	die Bild-Text-Collage	die Fortsetzung der Geschichte

1 a) Bildet zu jeder Aufgabe eine Gruppe.
b) Jede Gruppe bekommt einen Stand im Klassenraum.
c) Bereitet den Stand vor. Zeigt eure Ergebnisse.

Der Markt ist eröffnet!

2 Gehe langsam von Stand zu Stand.
Sieh dir die Ergebnisse aufmerksam an.
Was gefällt dir besonders gut?

3 Sammelt eure Eindrücke.

Mir gefällt gut, ...
Ich finde besonders gelungen ...

Du hast einen Ausschnitt aus dem Buch Emil und die Detektive gelesen.
Du hast dazu erzählt, gemalt oder geschrieben.

4 a) Was war leicht für dich?

→ einen Ausschnitt lesen • Ideen zu einem Text finden • einen Cluster anlegen • zu einem Text erzählen • zu einem Text malen • zu einem Text schreiben

b) Was kannst du jetzt?

Ich kann jetzt ...

Emil und seine neuen Freunde finden den Dieb.
Emil bekommt sein Geld zurück.
Was genau passiert, erfährst du in dem Buch.

Bücher und mehr – eine Bücherei erkunden

Die Klasse 5b geht in die Bücherei.

In den Regalen sind viele Bücher.

Die Sitz-Ecke sieht gemütlich aus.

Da hinten sind Filme und Hörbücher.

Ich sehe auch Spiele.

1

2

3

4

5

→ ein Hörbuch – viele Hörbücher,
ein Film – viele Filme,
eine Zeitschrift – viele Zeitschriften,
ein Regal – viele Regale …

etwas ausleihen,
etwas zurückgeben

1 Was entdeckt ihr auf den Bildern?

2 a) Was gibt es in der Bücherei?
b) Wie sieht es in der Bücherei aus?
c) Was kann die Klasse in der Bücherei machen?

In der Bücherei könnt ihr Bücher, Filme und mehr ausleihen.

3 Was bedeutet ausleihen?

4 Was findest du wichtig in einer Bücherei?
- Was sollte es in der Bücherei geben?
- Wie sollte es in der Bücherei aussehen?
- Was möchtest du dort machen?

Ihr lernt, wie ihr Bücher, Filme und mehr in einer Bücherei findet.
Ihr lest einen Buchausschnitt und wählt ein Buch aus.

Bücher, Filme und mehr finden

In einer Bücherei stehen die Bücher in Regalen.
Die Regale haben Schilder.

1 Welche Regale seht ihr auf dem Bild?

Kaya und Tom möchten etwas ausleihen.

Ich möchte mir einen Film aussuchen.

Ich suche ein spannendes Buch.

2 a) Wo finden die Kinder ein spannendes Buch?
b) Wo finden die Kinder einen Film?

3 In welchem Regal stehen diese Sachen?

▶ Quiz

Bücher, Filme und mehr finden

Berat sucht das Buch Anton taucht ab.
Er fragt am Informations-Tisch nach.

▶ Audio

Berat: Hallo! Ich suche das Buch Anton taucht ab von Milena Baisch. Wo kann ich es finden?
Mitarbeiter: Hallo! Ich sehe kurz im Computer nach. Ah! Es steht im Regal mit Abenteuer-Büchern.
Berat: Und wie finde ich das Buch dort?
Mitarbeiter: Du suchst nach dem Namen der Autorin. Das ist die Person, die das Buch geschrieben hat.
Berat: Vielen Dank.

4 a) Wie findet Berat das Buch?
b) Welche Informationen zum Buch muss er kennen?

Berat steht am Regal mit Abenteuer-Büchern.
Er sucht das Buch Anton taucht ab von Milena Baisch.

5 a) Wie sind die Bücher in diesem Regal geordnet?
b) Wo findet Berat das gewünschte Buch?

Ein Buch auswählen

Die Kinder sehen sich die Titelseite von dem Buch an.

die Autorin

das Bild

der Titel

1 a) Was seht ihr auf dem Bild?
b) Wie heißt das Buch?

Du kannst auf der Rückseite von dem Buch etwas über den Inhalt lesen. Dieser Text heißt Klappentext.

2 Was verrät der Klappentext über den Inhalt?

> Antons Ferien auf dem Camping-Platz werden zur echten Katastrophe: Es gibt nur einen ekligen Badesee. In diese Brühe springt er bestimmt nicht rein. Aber dann macht Anton eine besondere Bekanntschaft und das Ferienabenteuer kann beginnen. V

Die Titelseite und der Klappentext sollen neugierig machen.

3 Was macht dich neugierig? →

das Bild, der Titel, der Inhalt,

sieht spannend aus, klingt spannend ...

Die Kinder sehen sich noch ein Buch an.

4 a) Was seht ihr auf dem Bild?
b) Wie heißt das Buch?

5 Was verrät der Klappentext über den Inhalt?

> Angeblich wurde ein Monster in Moorland gesehen! [...] Molly will herausfinden, wer hinter diesem Fall steckt! Doch leichter gesagt als getan. Denn in Moorland ist nichts so, wie es zu sein scheint. V

6 Du hast die Titelseite angesehen und den Klappentext gelesen. Was macht dich neugierig?

Die Kinder haben zwei Bücher kennen gelernt.

7 Welches Buch möchtest du lesen? Begründe. →

Ich gebe dem Buch ... Sterne. Ich möchte es ..., weil ...

★ = nicht lesen
★★ = vielleicht lesen
★★★ = lesen

Anton taucht ab – einen Buchausschnitt lesen

Die Kinder lesen einen Ausschnitt aus dem Buch Anton taucht ab von Milena Baisch.

1 Wende den Schritt 1 vom Lese-Profi an.

▶ Lese-Profi, S. 172

1 Ich sehe mir die Bilder an.
Was sagen mir die Bilder?

▶ Video

Anton reiste mit seinen Großeltern in den Camping Urlaub. Anton erzählt:

▶ Audio

[...] Dann kamen wir am Camping-Platz an. Ich sprang aus dem Auto, in meiner Badehose. Ich rannte über den Camping-Platz und war entsetzt. Denn wo man auch hinsah: kein Swimming-Pool. [...]

Widerlich. Schon von Weitem konnte ich sie sehen: die Schling-Pflanzen und den ganzen Horror. Nein, ich konnte sie nicht wirklich *sehen*. Ich sah nur die Wasser-Oberfläche und die war: schwarz. Uah!

Warum ist das Wasser im See schwarz und im Swimming-Pool schön blau? [...] Der See musste voll sein von Schling-Pflanzen und dem Ekels-Dreck. Glipschige Fische, die den Menschen an die Beine glipschen. Schnecken, die ihren Schleim ausstoßen. Auch die Fische stoßen was aus. Sie pinkeln ins Wasser und machen sonst was da rein. Und die Quallen erst! [...] V

2 a) Wo war Anton?
b) Wie hatte sich Anton den Ort vorgestellt?
c) Was sah er an dem Ort?

Anton taucht ab – einen Buchausschnitt lesen

3 Wie fand Anton den See? Wähle drei passende Wörter aus:

→ herrlich • schön • dreckig • ekelig • hell • schwarz

4 Vor welchen Pflanzen und Tieren ekelte sich Anton?
Schreibe die Tiere und Pflanzen auf. Oder male ein Bild.

5 Anton hatte sich ein Wort ausgedacht: glipschen (Zeile 14).
Was meinte er wohl mit dem Wort?

▶ Unbekannte Wörter klären, S. 177

Anton und sein Opa hatten einen Fisch gefangen.

▶ Audio

[...] Und schon war es passiert. Mein Blick fiel auf den Eimer mit dem Wasser mit dem Fisch. [...]

Ich hatte nur kurz hingeguckt, aber Erstaunliches gesehen. Der Fisch war nicht riesig, sondern so lang wie meine Hand. Und das Wasser im Eimer war nicht schwarz. Es war durchsichtig. Und da der Eimer blau war, sah das Wasser auch blau aus. Es sah aus wie Swimming-Pool-Wasser. [...] V

6 Was genau sah Anton in dem Eimer?

7 Das Buch heißt **Anton taucht ab**. Überlegt gemeinsam:
- Was bedeutet abtauchen?
- Wird Anton im See schwimmen?
- Was könnte Anton erleben?

8 Möchtest du das Buch lesen? Begründe.

Ich gebe dem Buchausschnitt ... Sterne.
Ich möchte es ..., weil ...

→ ★ = nicht lesen
★★ = vielleicht lesen
★★★ = lesen

Eine Bücherei in der Nähe besuchen

Ihr besucht eine Bücherei in eurer Nähe.

1 a) Welche Bücherei gibt es bei euch in der Nähe?
b) Wie heißt die Bücherei?
c) Wie ist die Adresse?

→ die Schul-Bücherei
die Stadt-Bücherei
...

Jede Bücherei ist anders.

Wann ist die Bücherei geöffnet?

Wie bekomme ich einen Bücherei-Ausweis?

Was passiert, wenn ich ein Buch zu spät zurückgebe?

Was kann ich dort ausleihen?

Wie lange ...?

Was kann ich in der Bücherei machen?

2 Welche Fragen habt ihr?
a) Sammelt eure Fragen.
b) Schreibt eine Liste.

- *Wann ist die Bücherei geöffnet?*
- *Wie bekomme ich einen Bücherei-Ausweis?*
- *Was kann ich ...?*
- ...

3 Besucht eine Bücherei in eurer Nähe.
a) Teilt die Fragen in der Klasse auf.
b) Beantwortet die Fragen bei eurem Besuch.

Bücher und mehr – das Richtige für mich finden

Du hast eine Bücherei besucht. In einer Bücherei kannst du Bücher, Filme und mehr ausleihen.

→ das Buch
der Comic
die Zeitschrift
das Hörbuch
das Sachbuch
der Film
das Brett-Spiel
das Video-Spiel

1 Was hast du aus der Bücherei ausgeliehen? Begründe.

Ich habe mir ... ausgeliehen, weil ...

Du hast in der Bücherei Bücher, Filme und mehr gefunden. Du hast etwas ausgeliehen.

2 Was hat dir geholfen, Bücher, Filme und mehr zu finden? Macht ein Partner-Interview.

→ am Informations-Tisch fragen • die Schilder lesen ...

3 Überlege zum Schluss: Was kannst du jetzt? Wähle aus:

→
- Ich kenne eine Bücherei in meiner Nähe.
- Ich kann ein Buch auswählen. Dabei helfen mir die Titelseite und der Klappentext.
- Ich kann begründen, warum ich ein Buch lesen möchte oder nicht.

Ein Erlebnis mit Moro – schreiben mit Strategie

Die Klasse 5 besuchte einen Abenteuer-Spielplatz.
Dort erlebten die Kinder etwas Besonderes.

1

→ der Spielplatz,
die Kinder,
eine Frau,
der leere Käfig ...

Moro,
ein Wellensittich

Frau Schmitz

Moro,
wo bist du?

2

Moro, da bist du ja wieder!

Die Bilder zeigen, was die Kinder erlebten.

1 Was passierte auf dem Abenteuer-Spielplatz?
Arbeitet in drei Schritten: allein – zu zweit – in der Klasse.

▶ Think – Pair – Share, S. 176

- **a)** Überlege, was passierte.
- **b)** Sprecht über eure Ideen.
- **c)** Erzählt.

→ Moro, der Vogel,
versteckt,
in einem Baum,
auf einem Ast …

2 Die Kinder entdeckten Moro.
Was haben sie wohl gesagt?

Ihr könnt eine Geschichte über das Erlebnis der Kinder schreiben.
Der Schreib-Profi hilft euch dabei.
Mit euren Geschichten gestaltet ihr ein Geschichten-Buch.

Ein Erlebnis mit Moro – eine Geschichte planen

**Ihr schreibt, was auf dem Abenteuer-Spielplatz passierte.
Der Schreib-Profi hilft beim Schreiben, Schritt für Schritt.**

1 Vor dem Schreiben

▶ Schreib-Profi, S. 173

▶ Video

Ich plane meine Geschichte.

1 Überlegt gemeinsam:
- Für wen schreibt ihr?
- Wer liest eure Geschichte?

→ die Klasse, Mitschüler …

2 Worüber schreibt ihr?

a) Beantwortet die Fragen:
   - Wo war die Klasse?
   - Wer suchte den Vogel?
   - Was machten die Kinder?
   - Wie endete das Erlebnis?

b) Schreibt Wörter und Wortgruppen auf.

Ein Erlebnis mit Moro – die Geschichte schreiben

2 Beim Schreiben

▶ Schreib-Profi, S. 173

▶ Video

Ich sammele und ordne.
Welche Wörter brauche ich?

Frau Schmitz fühlte sich am Anfang der Geschichte anders als am Ende.

am Anfang

am Ende

1 Wie fühlte sich Frau Schmitz wohl? Wählt Adjektive aus.

→ unglücklich • glücklich • froh • traurig ...

am Anfang: ...
am Ende: ...

Du schreibst das Erlebnis der Kinder auf.

2 Nimm ein Blatt Papier. Lass oben auf dem Blatt zwei Zeilen frei. Diese Zeilen sind für die Überschrift.

3 Schreibe den Anfang der Geschichte. Wähle den Anfang (A) oder (B) aus. Oder schreibe einen eigenen Anfang.

(A) Die Klasse 5 machte letzte Woche einen Ausflug zum Abenteuer-Spielplatz.

(B) Vor einer Woche gingen Amira und Malek mit der Klasse zum Abenteuer-Spielplatz.

Ein Erlebnis mit Moro – die Geschichte schreiben

Du erzählst, was auf dem Abenteuer-Spielplatz passierte.

1

2

4 Was passierte? Schreibe es auf.

Auf dem Spielplatz Dort	war stand	die Nachbarin von Amira.

Die Nachbarin Frau Schmitz	suchte vermisste	ihren Vogel Moro. ihren Wellensittich.

5 Wie fühlte sich Frau Schmitz?
Du kannst Adjektive von Aufgabe 1 verwenden.

Frau Schmitz fühlte sich ...

6 Was passierte als Nächstes? Schreibe es auf.

▶ Hilfe

Alle Kinder	suchten den Vogel. wollten Frau Schmitz helfen.

Die Kinder Sie	schauten suchten	in dem Gebüsch. auf ... unter ... neben ...

Die Kinder entdeckten den Vogel.
Sie redeten durcheinander.

7 Was passierte? Was sagten die Kinder?
Schreibe es auf.

Auf einmal Plötzlich	entdeckten sahen	Amira und Malek die Kinder	den Vogel. den Wellensittich.

Amira Malek Tim	rief: meinte: sagte:	„Da ist er!“ „Ich sehe Moro.“ „Der Vogel sitzt dort auf dem Baum.“

8 Schreibe das Ende der Geschichte.
Ergänze die Satzanfänge.
Oder schreibe ein eigenes Ende.

Frau Schmitz lockte ...
Sie war ...
Der Tag auf dem Spielplatz war ...

→ Moro • den Vogel • auf den Finger • in den Käfig ...
froh • glücklich ...
aufregend • schön ...

Ein Erlebnis mit Moro – die Geschichte überarbeiten

Die Überschrift deiner Geschichte soll neugierig machen.

1 Schreibe eine Überschrift über deine Geschichte.
Wähle eine Überschrift aus.
Oder überlege dir eine eigene Überschrift.

→ Moro vermisst! • Die Vogel-Retter • Ende gut, alles gut!

3 Nach dem Schreiben

▶ Schreib-Profi, S. 173

▶ Video

Ich überprüfe meine Geschichte.

2 Überprüfe deine Geschichte:
Kannst du alles lesen und verstehen?

3 Tauscht eure Geschichten aus.
Überprüft die Geschichten mithilfe der Checkliste.

	ja	noch nicht
Die Überschrift macht neugierig.		
Die Geschichte passt zu den Bildern.		
Die Geschichte hat ein Ende.		

4 Was möchtest du verbessern?
Überarbeite deine Geschichte, damit alle sie verstehen können.

5 Schreibe die fertige Geschichte in schöner Schrift auf.
Oder schreibe die fertige Geschichte mit dem PC.

Die Geschichten vorlesen, ein Geschichten-Buch gestalten

Ihr habt aufgeschrieben, was die Klasse 5 erlebte.
Ihr stellt eure Geschichte den anderen vor.

Arbeitet zu zweit oder in der Gruppe.

1 a) Jeder liest die eigene Geschichte vor.
b) Die anderen hören zu.
Sie sagen, was ihnen besonders gefällt.

Mir gefällt an deiner Geschichte …
Ich finde gut …
Das hast du prima gemacht: …

Mit euren Geschichten gestaltet ihr ein Geschichten-Buch.

2 Verteilt die Aufgaben:
- Gestaltet ein Deckblatt mit Bild und Überschrift.
- Bestimmt die Reihenfolge der Geschichten.
- Malt Bilder oder macht Zeichnungen.

Du hast eine Geschichte mit dem Schreib-Profi geschrieben.

3 Überlege zum Schluss:
- Was habe ich gut gemacht?
- Was war schwer für mich?
- Was kann ich jetzt?

→ eine Geschichte planen • ein Erlebnis aufschreiben • passende Adjektive verwenden • eine Überschrift finden

4 Sprecht zu zweit über eure Überlegungen.

Sport und Spiel – genau beschreiben

Die Schülerinnen und Schüler der Klasse 5 freuen sich. Die neue Spielekiste für den Schulhof ist da!

Klasse! In der Kiste sind so viele tolle Spielgeräte!

Das Spielgerät mit den sechs Rädern sieht lustig aus.

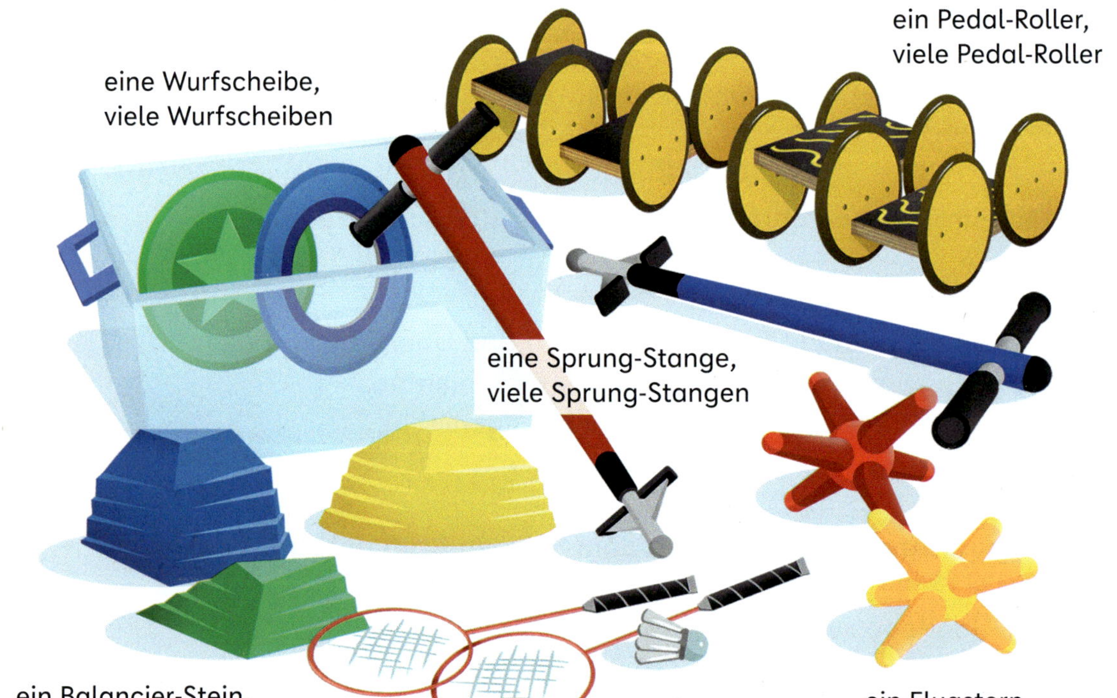

1
- Welche Spielgeräte kennst du?
- Womit hast du schon gespielt?
- Welches Spielgerät gefällt dir besonders?

Ich finde die lange Sprung-Stange gut! Die habe ich schon ausprobiert.

Ich kenne eine ... Ich kenne einen ...
Ich habe schon mit ... gespielt.
Mir gefällt besonders ...

Mir gefällt besonders die Wurfscheibe mit dem Loch.

In der Pause spielen die Kinder mit verschiedenen Bällen.

Ich spiele am liebsten mit dem gelben Ball.

Welchen meinst du genau?

2 Was ist bei den Bällen gleich?
Wie unterscheiden sich die Bälle?

... haben dieselbe Farbe ...
... ist größer als ... ist kleiner als ...

Manchmal ist es wichtig zu wissen, wie genau etwas aussieht.

3 Welches Spielgerät ist es?
- Ein Kind wählt ein Spielgerät von Seite 84 oder 85.
- Es beschreibt das Spielgerät mit Adjektiven.
- Die anderen aus der Klasse raten.

Mein Spielgerät ist ...

→ rund – eckig,
dick – dünn,
breit – schmal,
weich – hart ...
grün, blau ...

In diesem Kapitel beschreibt ihr Gegenstände genau.
Ihr erkennt Unterschiede und beschreibt sie.

Sportgeräte genau beschreiben und unterscheiden

**Jedes Kind probiert in der Pause ein anderes Spielgerät aus.
Hier seht ihr die Spielgeräte von Maria und Sami.**

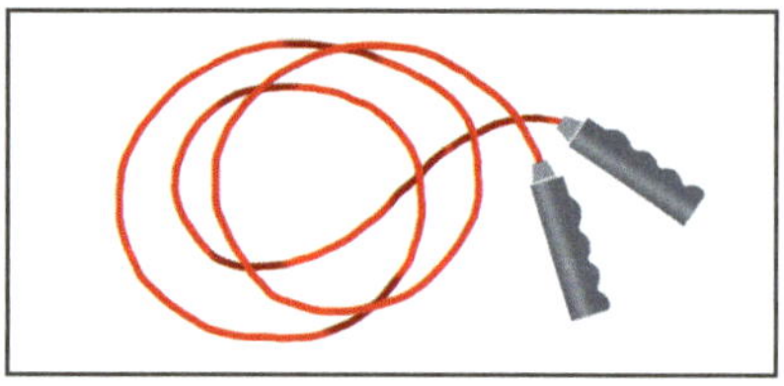
Maria

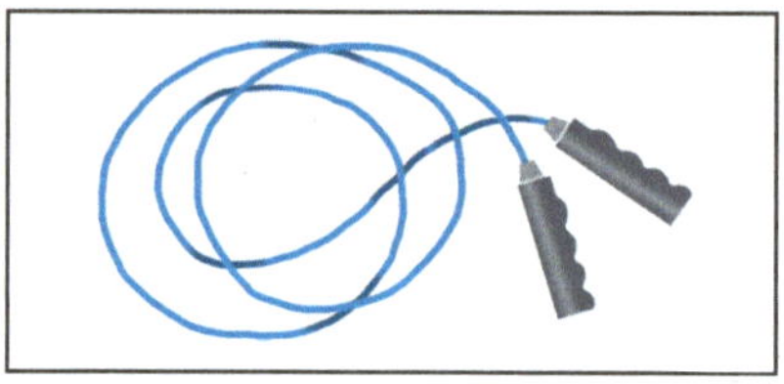
Sami

→ das Sprungseil,
die Farbe,
rot, blau

1 Welche Spielgeräte probieren Maria und Sami aus?
Arbeitet allein – zu zweit – in der Klasse.
a) Sieh dir die Sprungseile genau an.
b) Wie sehen die Sprungseile aus?
Beschreibt das Aussehen.
c) Worin unterscheiden sich die Sprungseile?
Benennt die Unterschiede.

▶ Think – Pair – Share, S. 176

Das Seil von
Maria ist … und …

2 Wie sehen diese Spielgeräte aus?
Worin unterscheiden sie sich?
Geht vor wie in Aufgabe 1.

(A)

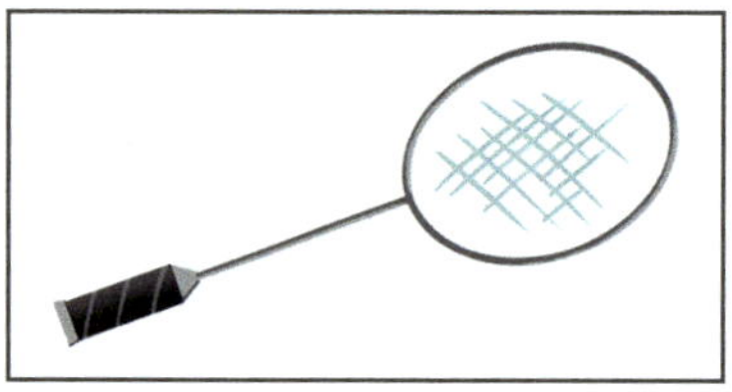
Oleg

Tania

→ der Schläger,
der Griff,
die Form,
lang – kurz,
dick – dünn

(B)

Lea

Ben

→ der Ball,
besonders
auffällig,
ein Aufkleber,
eine Schramme

**Manche Gegenstände unterscheiden sich nur in der Farbe.
Manche unterscheiden sich auch in der Größe oder Form.
Oder ein Gegenstand hat eine Besonderheit, die auffällt.**

Wurfscheibe verloren!

**Nach der Pause fehlt eine neue Wurfscheibe.
Clara und Leon haben mit ihr gespielt.
Die Kinder beschreiben die Wurfscheibe.**

Die Wurfscheibe ist rund.
Sie ist blau.
Ich kann die Wurfscheibe gut greifen.

Die Wurfscheibe fliegt toll.
Sie hat meine Lieblingsfarbe.
Auf der Wurfscheibe ist in der Mitte ein Stern.

1 a) Lest vor, was Leon sagt.
b) Lest vor, was Clara sagt.

2 Hier seht ihr die Wurfscheiben der Spielekiste.
a) Mit welcher Wurfscheibe haben Clara und Leon gespielt?
b) Welche Sätze haben euch geholfen?

**Niemand hat die Wurfscheibe gesehen.
Die Kinder wollen Zettel im Schulhof aufhängen.**

3 Was müssen die Kinder schreiben?
Ergänzt den Steckbrief.

Verloren!

Was? eine Wurfscheibe

die Form: ...
die Farbe: ...
besonders auffällig: ...

4 Schreibe den Steckbrief für die Kinder.

Mein Rucksack ist weg!

Der Rucksack von Paul ist weg.
Die Freunde helfen bei der Suche.
Sie stellen Fragen:

Welche Farbe hat der Rucksack?

Wie genau sieht der Rucksack aus?

Was ist besonders auffällig an deinem Rucksack?

1 Was sagt Paul?
Arbeitet in drei Schritten: allein – zu zweit – in der Klasse.

▶ Think – Pair – Share, S. 176

a) Überlege, was Paul antwortet.
b) Sprecht über eure Antworten.
c) Sammelt die Antworten in der Klasse.

Die Farbe vom Rucksack ist …
Der Rucksack hat vorne …
Besonders auffällig ist …

Paul geht zum Hausmeister und beschreibt den Rucksack genau.
Dazu braucht Paul Fachbegriffe.

2 Wie heißen die Teile vom Rucksack?
Zeichnet den Rucksack ab und beschriftet ihn.

▶ Quiz

→ der Deckel,
das Fach,
der Griff,
die Tasche,
der Verschluss …

Mein Rucksack ist weg!

Der Rucksack ist nicht beim Hausmeister.
Paul möchte in der Schule Zettel aufhängen.
Auf den Zetteln beschreibt er den Rucksack genau.

3 Schreibe den Zettel für Paul.
Beschreibe den Rucksack genau.

Mein Rucksack	ist	blau. dunkelblau. …

Der Rucksack Er	hat	vorne an der Seite oben	ein Fach. eine Tasche. …

Am Griff Am Verschluss …	hängt	ein/mein eine/meine	…

Besonders auffällig	ist	ein/der/das eine/die	…

Mein Rucksack ist weg!

4 Überprüfe deinen Zettel für Paul.
- Hast du den Rucksack genau beschrieben?
- Fehlt etwas Wichtiges?

Vergleiche mit dem Bild auf Seite 88 oben.

5 a) Tauscht eure Zettel aus.
b) Überprüft gegenseitig:
- Ist der Rucksack genau beschrieben?
- Fehlt etwas Wichtiges?

6 Überarbeite deinen Zettel, wenn nötig.

Sportsachen vergessen!

Ariane und Siam waren am Montag in der Bücherei.
Dort haben sie ihre Sportbeutel vergessen.

1 Was können die Kinder tun?

Wir können in der Bücherei anrufen und nachfragen.

Wir können dort einen Steckbrief aufhängen.

2 **a)** Wähle aus: Hilf Ariane oder Siam.
b) Entscheide dich für Aufgabe 3 oder 4.

3 Du willst in der Bücherei anrufen. Der Notizzettel hilft dir. →

Hallo, mein Name ist ______.
Ich habe am Montag in der Bücherei meinen Sportbeutel vergessen.
Der Sportbeutel ist ...

hellblau,
dunkelblau ...
dünn, dick ...
an den Ecken,
in der Mitte,
unten ...
der Fisch,
die Welle,
die Punkte ...

a) Ein Kind spielt den Anruf. Das andere Kind hört zu.
b) Überlegt gemeinsam: Was ist gut gelungen?

4 Du willst in der Bücherei einen Steckbrief aufhängen.
a) Schreibe für den gewählten Sportbeutel einen Steckbrief. Beschreibe genau.
b) Lest eure Steckbriefe vor oder tauscht sie aus.
c) Überlegt gemeinsam: Was ist gut gelungen?

Verloren!

Was? ...

die Form: ...
die Farbe: ...
besonders auffällig: ...

Das wünsche ich mir! –
einen Gegenstand beschreiben

Maria wünscht sich ein neues T-Shirt.
Amir wünscht sich einen neuen Sportbeutel.

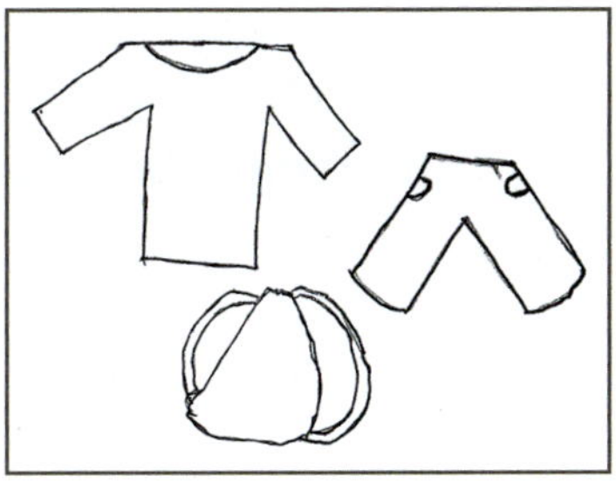

1 a) Wähle deinen Wunsch-Gegenstand aus:
ein T-Shirt, einen Sportbeutel oder eine Sporthose.
b) Male deinen Wunsch-Gegenstand
auf ein Blatt Papier.

2 a) Beschreibe deinen Wunsch-Gegenstand einer Partnerin / einem Partner.
Sie/Er malt nach deiner Beschreibung.
b) Vergleicht eure Bilder: Wo erkennt ihr Unterschiede?
Tipp: Das müsst ihr in Aufgabe 3 noch genauer beschreiben.

3 a) Nimm ein zweites Blatt Papier.
b) Beschreibe deinen Wunsch-Gegenstand in einem Steckbrief.

→ der Gegenstand • die Farbe • die Form • eine Besonderheit

4 Welcher Gegenstand passt zu welchem Steckbrief?
a) Zeigt eure Bilder von den Gegenständen in der Klasse.
b) Mischt die Steckbriefe.
c) Lest jeden Steckbrief vor: Welcher Gegenstand passt dazu?
d) Überlegt: Könnt ihr die Gegenstände eindeutig bestimmen?
Was ist gut gelungen?

Ihr habt Gegenstände genau beschrieben.

Ich kann Unterschiede erkennen und beschreiben.

Ich kann einen Gegenstand in einem Steckbrief beschreiben.

Ich kann die Teile von einem Rucksack mit Fachbegriffen benennen.

5 Überlege zum Schluss:
- Was war leicht für mich?
- Was habe ich gelernt?

Das Klassen-Frühstück – eine Einladung schreiben

Die Waldschule feiert viele Feste.

1

Einladung für alle Familien und Freunde

zum Sport-Fest der Waldschule

am Samstag, den 1. Juni ab 10 Uhr

auf dem Sportplatz

Für Essen und Getränke ist gesorgt!

Die Schülerinnen und Schüler der Waldschule

2

3

→ feiern – die Feier – das Fest, die Gäste, die Gastgeber, einladen – wir laden ein – die Einladung, stattfinden – es findet statt …

1 Für welche Feste sind die Einladungen?

2 a) Welches Fest macht dich neugierig?
b) Was erfährst du?

→ Wer lädt ein? Wann ist das Fest? Wo ist das Fest?

Einladungen sind oft schön gestaltet.

3 Welche Einladung gefällt euch besonders? Was gefällt euch daran?

Die Klasse 5a plant ein Klassen-Frühstück.

Wir schreiben eine Einladung.

Wir gestalten die Einladung schön.

4 Was möchte die Klasse tun?

In diesem Kapitel schreibt ihr für die Klasse 5a Einladungen zum Klassen-Frühstück. Der Schreib-Profi hilft euch dabei.

Das Klassen-Frühstück – eine Einladung planen

Für das Klassen-Frühstück sammelt die Klasse 5a die wichtigen Informationen.

Wo findet das Frühstück statt?

Wen laden wir ein?

Es findet in unserem Klassenraum statt.

Wir laden die Eltern und ... ein.

Was: das Klassen-Frühstück
Wann: am 2. Oktober um 10 Uhr ...

1 **a)** Was erfahrt ihr über das Klassen-Frühstück?
b) Ergänzt den Notizzettel der Klasse.

Ihr schreibt die Einladungen für die Klasse 5a. Der Schreib-Profi hilft beim Schreiben, Schritt für Schritt.

1 Vor dem Schreiben

▶ Schreib-Profi, S. 173

▶ Video

Ich plane meinen Text.

2 Überlegt gemeinsam:
Was für einen Text schreibt ihr?

3 **a)** Schreibt den Notizzettel von Aufgabe 1 von der Tafel ab.
b) Ergänzt den Notizzettel:
- Wer lädt ein?
- Was möchtet ihr noch in die Einladung schreiben?

→ die Klasse 5a • eure Klasse 5a ...
Wir freuen uns auf euch! • Wir freuen uns auf das Frühstück! ...
Bitte bringt mit: ... • Bitte mitbringen: ...

Das Klassen-Frühstück – die Einladung schreiben und überarbeiten

Arbeite allein oder arbeitet zu zweit.

1 Wende den Schritt 2 vom Schreib-Profi an.

▶ Schreib-Profi, S. 173

2 Ich schreibe die Einladung.
- Ich nutze meinen Notizzettel von Seite 94.
- Ich nutze ein Wörterbuch.

▶ Video

2 Wende den Schritt 3 vom Schreib-Profi an.

▶ Schreib-Profi, S. 173

3 **a)** Ich überprüfe meine Einladung:
- Kann ich alles lesen und verstehen?
- Sind alle wichtigen Informationen enthalten?

b) Ich überarbeite meine Einladung:
Was möchte ich verbessern?

▶ Video

▶ Hilfe

**Die Klasse 5a möchte die Einladungen schön gestalten.
Die Kinder sammeln Ideen.**

Wir können Bilder malen.

Wollen wir in verschiedenen Farben schreiben?

Schreiben wir mit dem PC oder in schöner Schrift mit der Hand?

Ich möchte Fotos aufkleben!

3 **a)** Welche Ideen nennen die Kinder?
b) Welche Idee gefällt dir besonders gut?

→ die Bilder
die Fotos
die Farben
die Schrift

4 **a)** Schreibe die Einladung gut lesbar auf ein farbiges Blatt. Oder schreibe mit dem PC.
b) Gestalte die Einladung mit Farben und Bildern.

Die Klasse 5a lädt ein – Einladungen schreiben und gestalten

Ihr schreibt und gestaltet weitere Einladungen.
Arbeite allein oder arbeitet in der Gruppe.

1 Entscheide dich für Aufgabe 2 oder 3.

2 Du schreibst die **Einladung zum Klassen-Frühstück in Sätzen**.

a) Schreibe die Einladung in schöner Schrift.

b) Gestalte deine Einladung mit Farben und Bildern.

Liebe	Eltern, …,

die Klasse 5a unsere Klasse	lädt	Sie euch	zu einem Frühstück zu einem Klassen-Frühstück	ein.

Das Frühstück Es	findet	am 2. Oktober 2024 am 2. Oktober	um 10 Uhr statt.

Wir erwarten Wir freuen uns auf	euch Sie	in unserem Klassenraum. im Raum 205 B der Waldschule.

Bitte	bringt bringen Sie	Geschirr und Besteck/Getränke/… gute Laune	mit.

Viele Grüße,	eure Ihre	Klasse 5a

3 Ihr schreibt eine **weitere Einladung für die Klasse**.

a) Wählt die wichtigen Informationen aus.

→ **Was?** eine Kunst-Ausstellung • ein Kuchen-Essen
Wen laden wir ein? die Eltern • Freunde • eine andere Klasse
Wann? am 27. Mai um 10 Uhr • am 28. Mai um 15 Uhr
Wo? im Klassenraum • in der Pausenhalle • auf dem Schulhof

b) Schreibt die Einladung.

c) Gestaltet eure Einladung mit Farben und Bildern.

Die Klasse 5a lädt ein – die Einladungen zeigen

**Ihr habt Einladungen geschrieben.
Ihr zeigt eure Einladungen in der Klasse.**

1 Hängt eure Einladungen an einer Schnur im Klassenraum auf.

2 Gehe langsam an der Schnur entlang.
Sieh dir die Einladungen aufmerksam an.
Was gefällt dir besonders gut?

3 Sammelt eure Eindrücke.

Ich finde besonders gelungen …
Das gefällt mir: …

> Ich finde die Bilder für das Frühstück besonders gelungen.

> Das gefällt mir: Ich kann schnell alle wichtigen Informationen lesen.

Du hast eine Einladung mit dem Schreib-Profi geschrieben.

4 Überlege zum Schluss:
Was habe ich gut gemacht? Was kann ich jetzt?

→
- Ich weiß, welche Informationen wichtig sind.
- Ich plane zuerst meine Einladung.
- Ich nutze beim Schreiben meinen Notizzettel.
- Ich kann eine Einladung für ein Fest schreiben.
- Ich habe Ideen, wie ich eine Einladung gestalten kann.

5 Sprecht zu zweit über eure Überlegungen.

**Ihr könnt selbst ein Fest planen.
Schreibt und gestaltet eine Einladung dazu.**

Wir bleiben in Kontakt – im Chat miteinander sprechen

Bald sind Ferien.
Die Kinder der Klasse 5c wollen in Kontakt bleiben.

Die Kinder sammeln Ideen,
wie sie in Kontakt bleiben können.

1 a) Welche Ideen nennen die Kinder?
b) Welche der Ideen habt ihr bereits ausprobiert?

2 Welche weiteren Ideen habt ihr?

Efe, Berat und Neele bleiben in Kontakt.
Sie sprechen miteinander oder sie schreiben miteinander.

Ich schreibe gerne im Chat ...

Ich telefoniere nicht gerne ...

Am liebsten ...

3 Wie bleibt ihr mit anderen in Kontakt?
Arbeitet in drei Schritten: allein – zu zweit – in der Klasse.

a) Überlege für dich.

b) Sprecht über eure Antworten.

c) Vergleicht eure Antworten in der Klasse.

▶ Think – Pair – Share, S. 176

Die Kinder der 5c werden in den Klassen-Chat eingeladen.

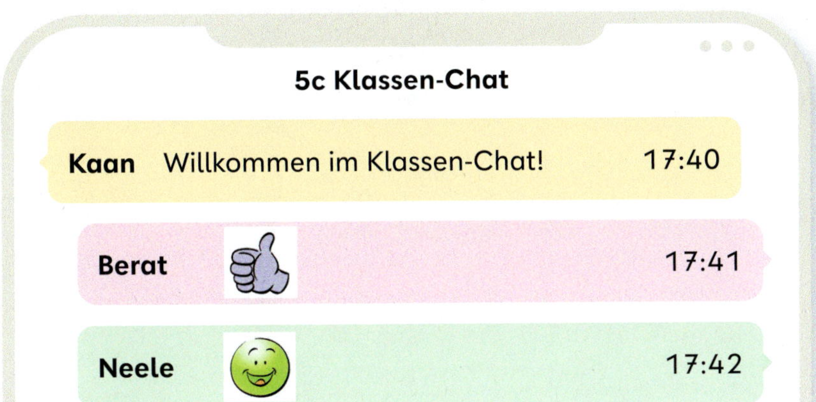

4 Was wisst ihr über Chats?

→ der Chat – die Chats – chatten, eine Gruppe, alle können schreiben, alle sehen die Nachricht ...

In diesem Kapitel untersucht ihr, wie Gespräche im Chat gelingen. Ihr vereinbart Regeln für den Klassen-Chat.

In den Ferien – ein Chat-Gespräch untersuchen

Efe ist in den Ferien an der Nordsee.
Er schreibt im Klassen-Chat.

5c Klassen-Chat

Efe Hey Leute! Ich bin an der Nordsee. 14:27

Berat  14:29

Efe Am WE waren wir mit einem Boot auf dem Meer. 14:30

Neele  14:30

Berat  14:32

Efe Ich muss jz los!  Wir gehen an den Strand. 14:33

Neele AK 14:34

Berat LG! 14:34

1 a) Mit wem schreibt Efe im Klassen-Chat?
b) Worum geht es im Klassen-Chat?

2 Manchmal verstehen wir im Chat nicht alles.
- Was könnt ihr verstehen?
- Was könnt ihr nicht verstehen? Warum?

In den Ferien – ein Chat-Gespräch untersuchen

Efe, Berat und Neele nutzen Emojis.
Das sind kleine Bilder, zum Beispiel von Gesichtern.

3 Welche Aussagen passen zu den Emojis?
Ordnet zu.

▶ Extra

→ Cool! • Oh nein! • Ich muss weg! • Das klingt toll!

4 Male die Emojis aus dem Chat auf.
Schreibe die Bedeutung dazu.

Efe, Berat und Neele nutzen auch besondere Abkürzungen.

5 a) Findet die Abkürzungen im Chat.
b) Wofür stehen die Abkürzungen?
Ordnet zu.

▶ Extra

→ Wochenende • jetzt • Alles klar • Liebe Grüße

6 Schreibe die Abkürzungen mit ihrer Bedeutung auf.

7 Warum nutzen die Kinder wohl Emojis und Abkürzungen?
Arbeitet in drei Schritten: allein – zu zweit – in der Klasse.
a) Überlege zunächst allein.
b) Sprecht über eure Ergebnisse.
c) Sammelt eure Ergebnisse in der Klasse.

▶ Think – Pair – Share, S. 176

8 Wann nutzt du Emojis und Abkürzungen im Chat?
Begründe.

▶ Hilfe

Die Sprache im Chat ist besonders.
Wir nutzen oft Emojis und Abkürzungen.

Der Klassen-Chat – Regeln vereinbaren

Die Gespräche im Klassen-Chat gelingen nicht immer.

①

Timo Luca und ich waren klettern.
Wir haben auch Fotos gemacht.

Clara 

Luca Warum postest du das Foto?
Du hast mich gar nicht gefragt! 

Timo Hä?

1 a) Was macht Timo?
b) Was antwortet Luca?

②

Mike E war heute voll einfach!

Efe Deine Abkürzungen nerven. Was ist E?

Mike Das weiß doch jeder: E ist Englisch.

Kaan Nee. Keiner versteht dich!

2 a) Was schreibt Mike?
b) Was antworten die anderen Kinder?

Der Klassen-Chat – Regeln vereinbaren

Die Klasse hat Regeln für den Chat gesammelt.
Mithilfe der Regeln soll der Klassen-Chat gelingen.

Wichtige Regeln für den Klassen-Chat

1. *Wir fragen immer um Erlaubnis, bevor wir Fotos oder Videos von anderen posten.*
2. *Wir schreiben so, dass andere uns verstehen.*
3. *Wir sind freundlich im Chat.*

3 a) Welche Regel kann in Chat (1) helfen?
b) Warum ist die Regel wichtig?

Regel ... hilft. Die Regel ist wichtig, weil ...

4 a) Welche Regeln können in Chat (2) helfen?
b) Warum sind die Regeln wichtig?
c) Verbessert den Chat.

→ Was meinst du ...
Kannst du bitte ...
Ich möchte gern ...

5 Welche Regeln sind euch noch wichtig?
Arbeitet in drei Schritten: allein – zu zweit – in der Klasse.
a) Überlege, welche Regeln du noch wichtig findest.

▶ Think – Pair – Share, S. 176

→
- Wir besprechen Streit in der Klasse, nicht im Chat.
- Wir schreiben keine unnötigen Nachrichten.
- Wir haben nur einen Klassen-Chat für alle Kinder.
- ...

b) Sprecht über eure Ergebnisse.
c) Sammelt die Regeln in der Klasse.

6 a) Gestaltet ein Plakat mit euren Regeln für den Klassen-Chat.
b) Unterschreibt alle das Plakat.
c) Hängt das Plakat in der Klasse auf.

▶ Ein Plakat gestalten, S. 178

Gespräche im Chat verstehen

Ihr könnt üben, Gespräche im Chat zu verstehen.
Arbeite allein oder arbeitet zu zweit. Wählt Ⓐ, Ⓑ oder Ⓒ.

Ⓐ Emojis können Gefühle ausdrücken.

1 Welche Gefühle erkennst du? Schreibe jeweils einen Satz. → Ich bin …

verliebt, fröhlich, überrascht, traurig

Ⓑ Im Chat nutzen wir Abkürzungen.
Manche stehen für englische Wörter und Wortgruppen.

2 **a)** Wofür stehen die Abkürzungen? Ordne zu.
b) Schreibe die Abkürzungen mit ihrer Bedeutung auf.

pls | Idk | Thx | bff

→ Thanks (Danke) • I don't know (Ich weiß nicht) • please (bitte) • best friends forever (beste Freunde für immer)

Ⓒ Manchmal verstehen wir uns im Chat nicht.

3 **a)** Warum versteht Anna Max nicht?
b) Welche Regeln haben Anna und Max nicht beachtet?
c) Verbessert den Chat.

Max Kannst du mir Mathe erklären? Am WE?

Anna Was heißt das denn?

Max War klar! Du kennst die Abkürzung nicht … 

So gelingen Gespräche im Chat!

Ihr habt Emojis und Abkürzungen kennen gelernt.
Ihr erstellt eine Übersicht. Arbeitet in Gruppen.

1 Emojis oder Abkürzungen? Wähle Aufgabe 2 oder 3.

2 Ihr erstellt eine Übersicht zu **Emojis**.
a) Malt die Emojis untereinander auf ein großes Blatt.
b) Schreibt jeweils die Bedeutung dazu.

Emojis im Chat
...

3 Ihr erstellt eine Übersicht zu **Abkürzungen**.
a) Schreibt die Abkürzungen untereinander auf ein großes Blatt.
b) Schreibt jeweils die Bedeutung dazu.

Abkürzungen im Chat
...

4 Stellt euch eure Übersichten gegenseitig vor.

Ihr habt untersucht, wie Gespräche im Chat gelingen.
Ihr habt Regeln für den Klassen-Chat vereinbart.

5 Gestaltet Emoji-Karten.
- Malt auf eine Karte ein fröhliches Emoji.
- Malt auf eine andere Karte ein trauriges Emoji.

6 Stimmt ihr den folgenden Aussagen zu?
Oder stimmt ihr nicht zu?
- Ein Kind liest eine Aussage vor.
- Jedes Kind entscheidet sich für eine Emoji-Karte und hält die Karte in die Luft.

Es fällt mir leicht, die Bedeutung von Emojis zu erkennen.

Ich kenne die Bedeutung von vielen Abkürzungen.

Unser Klassen-Chat gelingt, weil wir uns an die Regeln halten.

Rund um Medien – Medien kennen und nutzen

Die Kinder der Klasse 5b nutzen jeden Tag verschiedene Geräte und Gegenstände.
Die Geräte und Gegenstände auf den Fotos sind Medien.

1

2

3

4

5

6

👁 ⑦

⑧

das Medium –
die Medien:

das Buch,
die Zeitung,
die Zeitschrift,
das Plakat,
die Broschüre,
das Radio,
die Hörbox,
das Handy –
das Smartphone,
das Tablet,
die Spiele-Konsole,
der Laptop –
der PC ...

1 a) Welche Medien nutzen die Kinder?
b) Welche Medien nutzt ihr? Welche nicht?
c) Welche Medien kennt ihr noch?

Mit einer Zeitschrift, einem Handy, einem PC und anderen Medien können wir verschiedene Dinge tun.

2 Was könnt ihr mit den Medien tun?
Arbeitet in drei Schritten: allein – zu zweit – in der Klasse.
a) Überlege zunächst allein.
b) Sprecht über eure Ideen.
c) Sammelt eure Ideen in einem Cluster.

▶ Think – Pair – Share, S. 176

▶ Einen Cluster anlegen, S. 178

In diesem Kapitel untersucht ihr eure Medien-Nutzung. Ihr informiert euch mit verschiedenen Medien.

Wir nutzen Medien

Erik, Mia und die anderen Kinder sprechen darüber, was sie mit Medien alles tun.

Ich telefoniere.

Erik

Ich höre Musik.

Mia

Ich lese einen Sachtext.

Elin

Ich spiele Video-Spiele.

Sina

Ich sehe mir Kinder-Nachrichten an.

Edin

Ich chatte mit Freunden.

Tom

1 a) Was tun die Kinder mit Medien?
b) Welche Medien nutzen sie dazu wohl?

→ der Laptop, das Buch, das Handy, der Fernseher ...

2 Überlegt gemeinsam:
- Wer möchte sich wohl informieren?
- Wer möchte wohl mit anderen in Kontakt bleiben?
- Wer möchte wohl spielen und Spaß haben?

Wir nutzen Medien aus verschiedenen Gründen.
Wir möchten uns informieren oder
mit anderen in Kontakt bleiben.
Wir möchten auch spielen und Spaß haben.

Die Kinder der Klasse 5b haben gezeigt, was sie mit Medien alles tun.

3 Was tut ihr mit Medien?
Ergänzt euren Cluster von Seite 107.

4 Ordnet eure Ideen aus dem Cluster in einer Tabelle.
Tipp: Manchmal gibt es mehrere Möglichkeiten.

sich informieren	*in Kontakt bleiben*	*spielen und Spaß haben*
– *Kinder-Nachrichten ansehen* – *einen Sachtext lesen* – *…*	– *im Chat schreiben* – *…*	– *…*

Eine Tabelle zeichnen

In einer Tabelle können wir Informationen ordnen.

- Wir brauchen ein kariertes **Blatt**, einen **Bleistift** und ein **Lineal**.
- Wir legen das Blatt mit der langen Seite vor uns hin.
- Wir zeichnen eine lange Linie. Das ist die **Zeile**.
- Wir teilen die Zeile in gleich große Teile und zeichnen Linien von oben nach unten. Das sind die **Spalten**.
- In jede Spalte schreiben wir eine Überschrift.

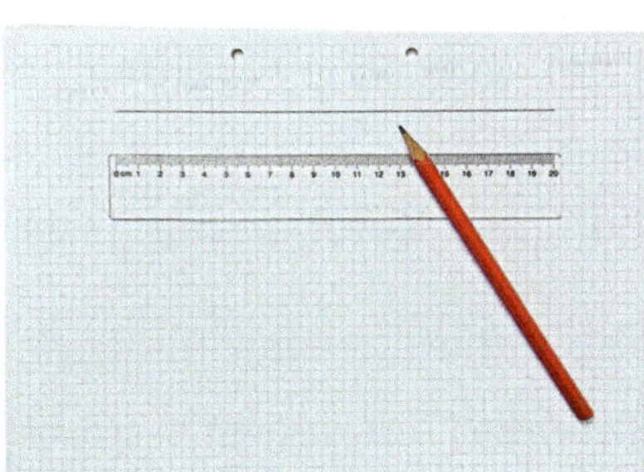

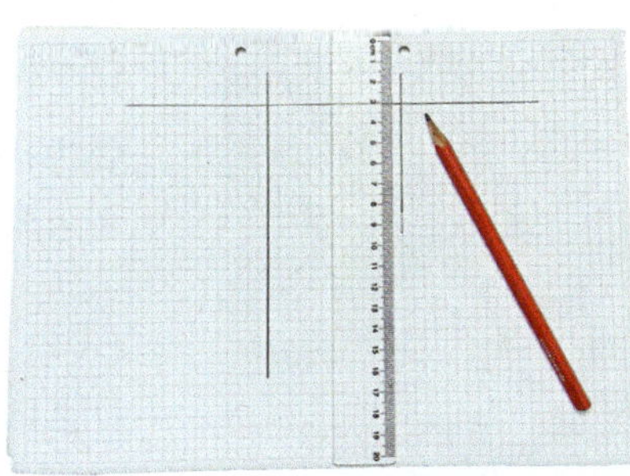

5 Ihr wollt euch **informieren**, mit anderen **in Kontakt bleiben** oder **spielen und Spaß haben**.
Welche Medien könnt ihr nutzen?

Wir informieren uns

Die Garten-AG will den Bienen helfen.
Sina möchte die Gründe wissen.

Warum müssen wir den Bienen helfen?

Du informierst dich und findest die Antwort auf Sinas Frage.

1 Wähle aus:

Ⓐ Ich lese einen Text aus einem Sachbuch. ▶ Seite 110

Ⓑ Ich lese einen Text aus dem Internet. ▶ Seite 111

Ⓒ Ich sehe mir ein Erklär-Video an. ▶ Seite 111

Ⓓ Ich höre mir einen Podcast an. ▶ Seite 112

Ⓐ **Warum müssen wir den Bienen helfen?**
Ich lese einen Text aus einem Sachbuch. ▶ Lese-Profi, S. 172

Die Bienen brauchen unsere Hilfe

Bienen ernähren sich von Nektar. Den Nektar saugen die Bienen aus den Blüten von Pflanzen. Dabei verteilen sie Blüten-Staub und bestäuben die Pflanzen. So können Früchte entstehen.

Die Menschen essen die Früchte oder sie machen daraus Lebensmittel: zum Beispiel Marmelade aus Kirschen oder Ketchup aus Tomaten.

Aber es gibt immer weniger Blüten-Pflanzen. Die Bienen finden deswegen nicht mehr genug Nektar. Sie sterben. Die Bienen brauchen unsere Hilfe. Wenn wir Blüten-Pflanzen pflanzen, finden die Bienen mehr Nektar.

B **Warum müssen wir den Bienen helfen?**
Ich lese einen Text aus dem Internet.

▶ Lese-Profi, S. 172

Pflanzen | Tiere

Hilfe für die Bienen!

Wir brauchen Bienen. Bienen bestäuben unsere Pflanzen. Die Pflanzen vermehren sich und es entstehen Früchte. Deswegen können wir schöne Blumen sehen und leckeres Obst und Gemüse essen.

Aber die Bienen sind in Gefahr. Im Sommer ist es oft zu heiß und zu trocken. Die Bienen finden nicht mehr genug Wasser in Pfützen oder an Teich-Ufern.

Wir können den Bienen helfen, damit sie nicht verdursten. Wir können eine Bienen-Tränke für sie bauen. Dann finden sie auch in trockenen Zeiten genug Wasser.

C **Warum müssen wir den Bienen helfen?**
Ich sehe mir ein Erklär-Video an.

▶ Video

Darum helfen wir den Bienen

(D) Warum müssen wir den Bienen helfen?
Ich höre mir einen Podcast an.

▶ Audio

Wir helfen den Bienen

Cem und Ronja beantworten wichtige Fragen über die Bienen. Und sie geben Tipps, wie wir den Bienen helfen können.

Ihr habt euch informiert.

2 Warum müssen wir den Bienen helfen?
Beantwortet die Frage.

3 Ihr habt (A), (B), (C) oder (D) gewählt.
Macht ein Partner-Interview.
- Ein Kind stellt die Fragen.
- Das andere Kind antwortet.
- Tauscht danach die Rollen.

→
- Was hast du gewählt?
- Warum hast du es gewählt?
- Was hat dir gefallen?
- Was hat dir nicht gefallen?
- Was wählst du beim nächsten Mal?
- ...

Was hast du gewählt?

Ich habe (A) gewählt.

Warum ...?

Du möchtest noch mehr ausprobieren?
Du kannst (A), (B), (C) oder (D) wählen.

Über die Medien-Nutzung nachdenken

Jeden Tag nutzt du Medien aus verschiedenen Gründen.

sich informieren | **in Kontakt bleiben** | **spielen und Spaß haben**

1 Welche Medien nutzt du dazu am liebsten?
Erkläre es einer Partnerin / einem Partner.
Begründe deine Antwort.

Ich nutze am liebsten ..., weil ...

Mit einer Medien-Karte zeigst du deine Lieblings-Medien.

2 Gestalte eine Medien-Karte.
Verwende dein Ergebnis von Aufgabe 1.

Name: Erik Rikus *Klasse: 5b* *Alter: 11 Jahre*	*Ich informiere mich:* *Ich nutze am liebsten ...*
Ich bleibe mit anderen in Kontakt: *Ich nutze am liebsten ...*	*Ich spiele und habe Spaß:* *Ich nutze am liebsten ...*

3 Zeigt euch eure Medien-Karten.
- Was fällt euch auf?
- Was überrascht euch?

→ Viele nutzen ...
Die meisten nutzen ...
Die wenigsten nutzen ...

Du hast deine Medien-Nutzung untersucht.
Du hast dich mit verschiedenen Medien informiert.

4 Überlege zum Schluss:
- Was weiß ich jetzt über Medien?
- Worüber möchte ich noch mehr wissen?

Laute und Buchstaben
Vokale und Konsonanten

1 Seht euch die Buchstaben genau an.
Was fällt euch auf?

Aa	Bb	Dd	Ee	Ff	Gg	Hh	Ii	Jj	Kk	Ll
Mm	Nn	Oo	Pp	Rr	Ss	Tt	Uu	Ww	Xx	Zz

Die Buchstaben stehen für Laute.

2 a) Lest die Buchstaben laut.
b) Achtet darauf, wie die Laute beim Lesen klingen.
c) Welche Laute könnt ihr leichter erkennen?

3 Wie heißen diese Kinder?
a) Sprecht die Namen.
b) Hört, wie die Namen klingen.

→ Milan
Jonas
Selina
Juna

S_l_n_	J_n_s	M_l_n	J_n_
e i a	o a	i a	u a

4 a) Schreibe die Namen auf.
b) Markiere die ergänzten Buchstaben.

!
a, e, i, o, u bringen Wörter zum Klingen.
a, e, i, o, u heißen **Vokale** (Selbstlaute).

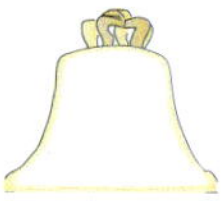

Es gibt auch **Konsonanten** (Mitlaute), zum Beispiel b, f, m.

Auf Vokale achten

1 Was seht ihr auf den Bildern?

→ das Schaf
das Buch
das Sofa
der Besen

→ der Stift
der Hund
die Lampe
die Pizza

2 **a)** Sprecht die Wörter.
b) Hört, wie die Wörter klingen.
c) Schreibe jedes Wort richtig auf.

das B_ch, das Sch_f, der B_sen, das S_fa,
der H_nd, der S_ft, die P_zza, die L_mpe

3 **a)** Sprecht die Wörter.
b) Hört, wie die Wörter klingen.
c) Schreibe jedes Wort richtig auf.

das Kl_, das Br_t, die G_bel, die F_der
o o a e

der K_pf, das H_ft, der W_nter, das F_nster
o e i e

→ das Klo
die Feder
das Brot
der Kopf
das Fenster
das Heft
die Gabel
der Winter

4 **a)** Wähle dein Lieblingswort von dieser Seite aus.
Oder wähle ein Wort aus der Wörterliste.
b) Sprich das Wort.
c) Höre, wie das Wort klingt.
d) Schreibe das Wort auf. Oder male dazu ein Bild.

▶ Wörterliste, S. 182–191

Verbundene Vokale: ei, au, eu

1 **a)** Lest die Wörter laut. ▶ Audio

der Eimer	das Bein	wir zeigen	leise
das Auto	der Baum	wir laufen	faul
die Eule	die Leute	wir heulen	neu

b) Was entdeckt ihr bei diesen Wörtern?
c) Lest nur die blauen Buchstaben vor.

! Manchmal sind **zwei Vokale** verbunden.
Auch **verbundene Vokale (Zwielaute)** bringen Wörter zum Klingen:

(ei) (au) (eu)

2 **a)** Schreibe die Wörter von Aufgabe 1 ab.
b) Markiere die verbundenen Vokale.

der (Ei)mer, ...

3 **a)** Lies das Wort leise.

die Tau be

b) Sprich das Wort langsam und schreibe es gleichzeitig.
c) Markiere den verbundenen Vokal.

4 **a)** Sprich und schreibe diese Wörter genauso.

die Zeile, die Reihe, die Schaukel, das Haus,

die Leute, die Beule, wir reiten, wir pfeifen,

wir kaufen, wir staunen, neu

b) Markiere die verbundenen Vokale.

Verbundene Vokale: ei, au, eu

5 Was seht ihr auf den Bildern?

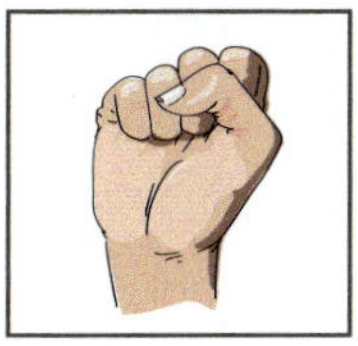

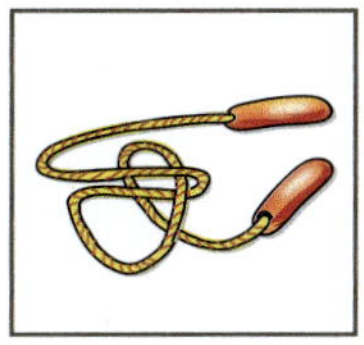
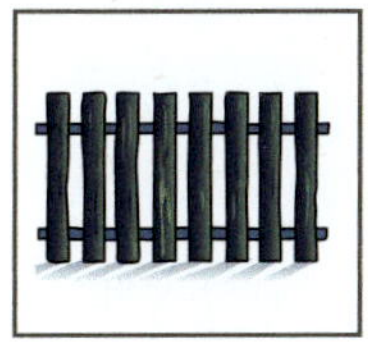

→ der Zaun
das Seil
das Kleid
die Faust

→ die Leiter
das Feuer
der Euro
der Daumen

6 Schreibe jedes Wort richtig auf.

die F__ __st, das Kl__ __d, das S__ __l, der Z__ __n,
der __ __ro, die L__ __ter, der D__ __men, das F__ __er

7 **a)** Findet weitere Wörter mit ei, au oder eu.
b) Schreibt jedes Wort auf einen kleinen Zettel.
c) Hängt die Zettel im Klassenraum auf.

▶ Hilfe

wir kaufen | *wir schreiben* | *der Freund*

8 **a)** Wähle ein Wort von einem Zettel aus.
b) Sprich dir das Wort langsam und leise vor.
c) Schreibe das Wort auf.
d) Hast du das Wort richtig geschrieben? Überprüft zu zweit.

wir kau fen

9 **a)** Schreibe die Sätze ab.
b) Markiere die verbundenen Vokale.

Zwei Freunde | laufen | schnell. |
Drei Kinder | pfeifen | laut.

▶ Sätze abschreiben, S. 175

▶ Extra

Umlaute: Ä, ä Ö, ö Ü, ü

Durch dieses kleine Zeichen ¨ entstehen neue Buchstaben und neue Laute.

A → Ä O → Ö U → Ü
a → ä o → ö u → ü

1 a) Lest die Wörter laut.

▶ Audio

der Ärger	das Öl	die Übung
der Käse	die Lösung	der Flügel
wir sägen	wir hören	wir bürsten
spät	böse	müde

b) Schreibt die Wörter an die Tafel.
c) Markiert alle Ä, ä, Ö, ö, Ü, ü.

! Auch **Ä, ä, Ö, ö, Ü, ü** sind Vokale.
Wir nennen sie **Umlaute**.

2 a) Findet weitere Wörter mit Umlauten.
b) Sprecht euch eure Wörter vor.
Malt den Umlaut mit dem Finger in die Luft.

▶ Hilfe

→ die Säge
der Föhn
der Löwe
die Tür

3 a) Schreibt eure Wörter an die Tafel.
b) Markiert die Umlaute.

4 Erstelle Wörterlisten für die Wörter mit Ä, ä, Ö, ö, Ü, ü.
a) Nimm drei Blätter. Schreibe jeweils eine Überschrift auf.
b) Schreibe die Wörter auf die Blätter.

Wörter mit Ä, ä	Wörter mit Ö, ö	Wörter mit Ü, ü
der Ärger	das Öl	...
der Käse	...	

Umlaute: Ä, ä Ö, ö Ü, ü

5 a) Was seht ihr auf den Bildern?
b) Lest die Sätze laut.
c) Achtet auf die blauen Vokale in den Wörtern.
Was fällt euch auf?

In diesem Schrank steht
ein Krug
ein Topf

In diesen Schränken stehen
vier Krüge
drei Töpfe

6 a) Schreibt die Wortpaare an die Tafel.
b) Markiert die Vokale in der Mitte.

der Schrank → die Schränke

Umlaute entstehen oft, wenn wir die Mehrzahl bilden.

7 a) Finde zur Einzahl die passende Mehrzahl.

▶ Extra

a → ä	
der Ball	die Männer
der Mann	die Bänke
die Bank	die Bälle

o → ö	
das Wort	die Frösche
der Korb	die Wörter
der Frosch	die Körbe

u → ü	
das Buch	die Stühle
der Stuhl	die Tücher
das Tuch	die Bücher

b) Schreibe die Wortpaare auf.
c) Markiere die Vokale in der Mitte.

8 a) Bilde die Mehrzahl. Die Wörterliste hilft dir.
b) Schreibe die Wortpaare auf.
c) Markiere die Vokale in der Mitte.

▶ Wörterliste, S. 182–191

ein Ball, ein Turm, ein Zopf, ein Kopf, ein Plan, ein Hut

Mitsprechwörter
Silben sprechen und schreiben

1 Was machen die Kinder?

2 Sprecht die Wörter. Klatscht dabei.

3 **a)** Was seht ihr in eurer Klasse? Sprecht und klatscht die Wörter.
b) Bei welchem Wort habt ihr am häufigsten geklatscht?

Wenn wir Wörter klatschen, hören wir Silben.

einmal klatschen = eine Silbe,
zweimal klatschen = zwei Silben
...

4 **a)** Sprecht und klatscht diese Wörter.
b) Hört, wie die Wörter klingen.

die Seife, das Badelaken, die Kamera, der Regenmantel,
die Regenhose, die Wanderkarte, die Bücher, die Brotdose

5 Ihr könnt Wörter auch schwingen.
a) Sprecht und schwingt die Wörter von Aufgabe 4.
b) Welche Bewegung hilft dir besser, die Silben zu erkennen?

6 **a)** Wähle fünf Wörter von Aufgabe 3 aus.
b) Schreibe jedes Wort Silbe für Silbe ab.
c) Male Silbenbögen.
d) Wie viele Vokale hat jede Silbe?

! Jede Silbe hat einen Vokal (Selbstlaut).
Der Vokal bringt die Silbe zum Klingen.

Mitsprechwörter abschreiben

Viele Wörter schreiben wir so, wie wir sie sprechen und hören.
Diese Wörter sind Mitsprechwörter.

1 Sprecht diese Wörter. Klatscht oder schwingt die Silben.

die Hose, die Unterhemden, der Hut, die Seife, der Gürtel

2 Schreibe die Wörter von Aufgabe 1 ab.
Arbeite nach den Schritten 1 – 8.

▶ Extra

Mitsprechwörter abschreiben

So schreibe ich Mitsprechwörter ab:

1. Ich lese das Wort.
2. Ich spreche das Wort Silbe für Silbe.
3. **Ich höre**, wie ich das Wort schreiben muss.
4. Ich decke **das Mitsprechwort** ab.
5. Ich spreche das Wort Silbe für Silbe und schreibe dabei.
6. Ich spreche das Wort und male **einen Bogen unter jede Silbe**.
7. Ich vergleiche.
8. Ich verbessere.

Hier kannst du zeigen, was du gelernt hast:
Ich kann Wörter Silbe für Silbe sprechen und schreiben.

3 Arbeitet in drei Schritten: allein – zu zweit – in der Klasse.

▶ Think - Pair - Share, S. 176

a) Sprich die Wörter in Silben. Schreibe sie Silbe für Silbe ab.
b) Überprüft eure Wörter zu zweit.
c) Mit welchen Bewegungen könnt ihr die Silben erkennen?

die Tasche, das Halstuch, wir basteln, wir malen, wir toben

Nachdenkwörter
Wörter mit b, d, g am Ende

Mia schreibt eine Geschichte zu einem Bild.

1 Was seht ihr auf dem Bild?

→ der Hun■ → die Hun■e
das Kin■ → die Kin■er

Wie muss ich Hun■ schreiben?

Ich denke nach.
Ich verlängere das Wort:
der Hund → die Hunde.

2 **a)** Worüber denkt Mia nach?
b) Was soll Mia machen?

Mia denkt nach. Sie verlängert die Wörter.
Sie denkt bei Hund an Hunde, bei Kind an Kinder.
Hund und Kind sind sind Nachdenkwörter.

3 **a)** Was seht ihr auf den Bildern?

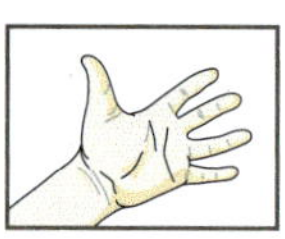
die Han■

der Ber■

die Wan■

die Bur■

→ die Han■ → die Hän■e
die Wan■ → die Wän■e
der Ber■ → die Ber■e
die Bur■ → die Bur■en

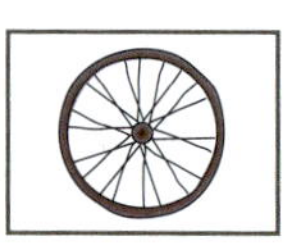
das Ra■

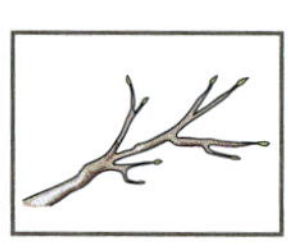
der Zwei■

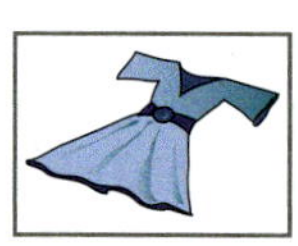
das Klei■

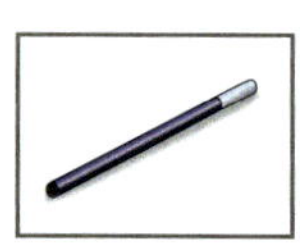
der Sta■

→ der Zwei■ → die Zwei■e
der Sta■ → die Stä■e
das Ra■ → die Rä■er
das Klei■ → die Klei■er

b) Verlängert die Wörter.
c) Schreibt die Wortpaare an die Tafel.
d) Schreibe die Wortpaare auf. Markiere b, d oder g.

Wörter mit b, d, g am Ende

Mia hat den Anfang für ihre Geschichte geschrieben.

Die Klasse macht einen Ausflug. Der Ausflug ist lusti ■.
Ein Junge mit einem Hund ging vorbei.
Der Hund ist nicht wil ■. Der Hund ist sehr lie ■.

→ b? d? g?

4 Wie ist der Hund?

5 Wie muss Mia die blauen Wörter schreiben?
Wie kann sie das herausfinden?

6 **a)** Verlängert die Wörter. Bildet Wortgruppen.

lusti ■, lie ■, spannen ■, wil ■, muti ■

der lustige Ausflug

→ der Hund
der Ausflug
die Klasse
der Junge
das Mädchen

b) Schreibe die Wortgruppen auf. Markiere b, d, oder g.

Hier kannst du zeigen, was du gelernt hast:
Ich kann Wörter mit b, d, g am Ende verlängern und richtig schreiben.

7 **a)** Lest die Wörter und die Sätze laut.
b) Welche Wörter haben b, d, oder g am Ende?
c) Verlängert die Wörter.
Malt die Wörter mit dem Finger auf den Tisch.

die Hand – die Hän de

die Hand, der Weg, der Korb, der Dieb, der König, der Zug
Die Frau ist klug. | Das Buch ist gelb. | Die Erde ist rund.

▶ Wörterliste, S. 182–191

8 **a)** Wähle vier Wörter und zwei Sätze von Aufgabe 7.
b) Schreibe die Wörter und die Sätze ab.
Markiere b, d, oder g am Ende.

▶ Nachdenkwörter abschreiben, S. 174

Wörter mit ä und äu

Erik schreibt auch eine Geschichte zu einem Bild.

1 Was seht ihr auf dem Bild?

→ die H __ ser → das H __ s

die B __ me → der B __ m

die Bl _ tter → das Bl _ tt

die D _ cher → das D _ ch

Wie muss ich H __ ser schreiben?

Ich denke nach. Ich finde ein verwandtes Wort: die Häuser → das Haus.

2 **a)** Worüber denkt Erik nach?
b) Was soll Erik machen?

Erik denkt nach. Er findet ein verwandtes Wort.
Er denkt bei Häuser an Haus, bei Blätter an Blatt.
Häuser und Blätter sind Nachdenkwörter.

3 **a)** Was seht ihr auf den Bildern?

▶ Wörterliste, S. 182–191

die M __ se → die M __ s

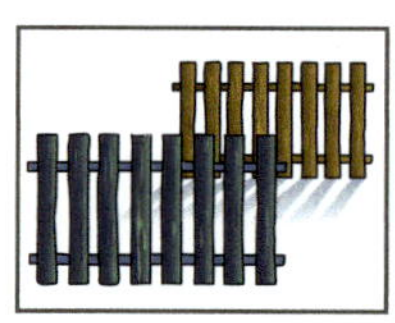
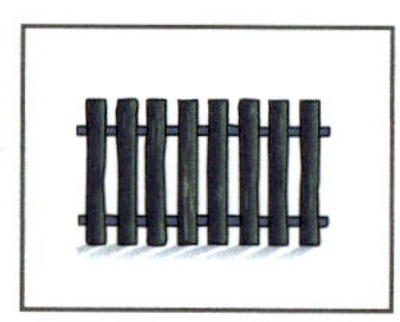

die Z __ ne → der Z __ n

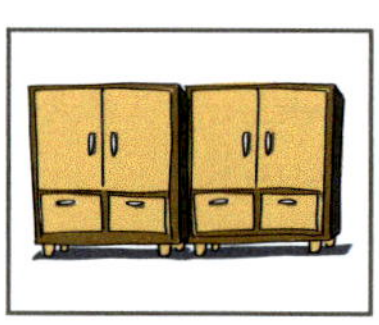

die Schr _ nke → der Schr _ nk

die _ pfel → der _ pfel

b) Schreibt die Wortpaare an die Tafel.
c) Schreibe die Wortpaare auf. Markiere ä, a und äu, au.

Wörter mit ä und äu

Du kannst Nachdenkwörter mit dem Wort-Profi abschreiben.

Nachdenkwörter abschreiben

So schreibe ich Nachdenkwörter ab:

1. Ich lese das Wort **Gräser**.
2. Ich spreche das Wort Silbe für Silbe.
3. **Ich denke nach** und **erkläre**, wie ich das Wort schreiben muss. Ich suche ein verwandtes Wort.
4. Ich decke **das Nachdenkwort** zu.
5. Ich spreche das Wort Silbe für Silbe und schreibe dabei.
6. Ich schreibe in Klammern die **Erklärung**: *die Gräser (→ das Gras).*
7. Ich vergleiche.
8. Ich verbessere.

4 Schreibe diese Nachdenkwörter ab.
Arbeite nach den Schritten 1 – 8.

► Extra

die Gräser, die Bänder, die Dächer, die Sätze, die Äste,
die Häuser, die Sträucher, die Läuse, die Bäuche, die Träume

Hier kannst du zeigen, was du gelernt hast:
Ich kann Wörter mit ä und äu richtig schreiben.

5 **a)** Was tun Anna und Simon? Lies die Sätze laut.
b) Schreibe die Sätze ab.
c) Ergänze in Klammern die Erklärung.

► Sätze abschreiben, S. 175

Anna und Simon | füttern | die G▢nse. |
Die Freunde | sitzen | unter den B▢▢men.

Wörter mit ie

Auf der Wiese gibt es viele Tiere und Pflanzen.

1 **a)** Was seht ihr auf dem Bild?
b) Sprecht die Wörter laut. Achtet auf die Vokale.

→ die Wiese
viele Tiere
die Ziege
die Fliege
die Biene
die Zwiebel

c) Sprecht auch diese Wörter laut. Achtet auf die Vokale.

sie spielen, sie riechen, sie liegen, sie kriechen, sie fliegen

d) Was haben die Wörter gemeinsam?

Wenn wir klatschen, hören wir Silben.

2 **a)** Wähle zwei Wörter von Aufgabe 1.
b) Klatsche die Wörter. Oder schwinge die Wörter.
c) Lest eure Wörter Silbe für Silbe vor.
Klatscht oder schwingt die Silben.

die Ziege

3 **a)** Wähle fünf Wörter von dieser Seite aus.
b) Schreibe die Wörter ab.
c) Male Silbenbögen.
d) Markiere ie.

die Ziege, die Fliege

e) Wo steht ie?

! Wir schreiben meistens ie, wenn wir am Ende der Silbe einen i-Laut hören: die Ziege

Wörter mit ie

4 a) Welche Silben passen zusammen?
b) Sprecht die Wörter.

die	Lie	le	die	Brie	den
die	Zwie	bel	der	Frie	fe
die	Stie	der	die	Zie	le
wir	frie	gen		wie	le
wir	wie	len		schwie	der
wir	spie	ren		vie	rig

5 a) Schreibe die Wörter auf.
b) Markiere **ie**.

die Lieder

6 a) Lies deine Wörter von Aufgabe 5.
Male beim **ie** einen Balken in die Luft.
b) Male Silbenbögen unter deine Wörter.
c) Überprüft eure Wörter zu zweit.

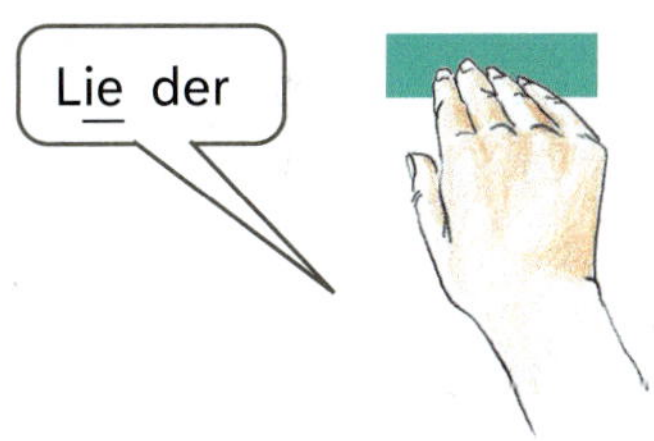

7 Schreibe diese Wörter ab.
Der Wort-Profi für Nachdenkwörter hilft dir dabei.

▶ Nachdenkwörter abschreiben, S. 174

der Riese, die Liege, der Stiefel, wir lieben, wir siegen, wir liegen

8 Schreibe die Sätze ab.

▶ Sätze abschreiben, S. 175
▶ Extra

Fünf Pferde | spielen | auf der Wiese. |
Fünf Käfer | fliegen | um eine Ziege.

9 a) Schreibt den Merksatz von Seite 126 ab.
b) Malt in euren Sätzen Silbenbögen unter die Wörter mit **ie**.

Wörter mit i

Mala und Ben sind im Kinderzimmer.

1 a) Was seht ihr auf dem Bild?
b) Sprecht die Wörter laut. Achtet auf die Vokale.

→ die Kinder
die Kiste
die Stifte
die Tinte
die Bilder
der Pinsel

c) Sprecht auch diese Wörter laut. Achtet auf die Vokale.

wir sitzen, wir binden, wir finden, wir bilden

d) Was haben die Wörter gemeinsam?

Wenn wir klatschen, hören wir Silben.

2 a) Wähle zwei Wörter von Aufgabe 1.
b) Klatsche die Wörter. Oder schwinge die Wörter.
c) Lest eure Wörter Silbe für Silbe vor.
Klatscht oder schwingt die Silben.

die Kinder

3 a) Wähle fünf Wörter von dieser Seite aus.
b) Schreibe die Wörter ab.
c) Male Silbenbögen.
d) Markiere den letzten Buchstaben der ersten Silbe.

die Kinder, wir sitzen

e) Was steht am Ende der ersten Silbe?

! Wir schreiben nur i, wenn wir am Ende der Silbe einen Konsonanten (Mitlaut) hören: die Kinder

→ Das sind einige Konsonanten:
b, d, f, g, h, j, k, l, m, n, p, r, s, t

Wörter mit i

4 **a)** Welche Silben passen zusammen?
b) Sprecht die Wörter.

der	Pin	mer	die	Bril	ter
die	Hil	sel	der	Win	te
das	Zim	fe	die	Tin	le
die	Mit	te	wir	fin	den
die	Kin	ter	wir	sit	ken
die	Lich	der	wir	trin	zen

5 **a)** Schreibe die Wörter auf.
b) Markiere i.

der Pinsel

6 **a)** Lies deine Wörter von Aufgabe 5.
Tippe beim i einen Punkt in die Luft.
b) Male Silbenbögen unter deine Wörter.
c) Überprüft eure Wörter zu zweit.

7 Schreibe diese Wörter ab.
Der Wort-Profi für Nachdenkwörter hilft dir dabei.

▶ Nachdenkwörter abschreiben, S. 174

die Pilze, die Silbe, die Spitze, wir trinken, wir binden, wir winken

8 Schreibe die Sätze ab.

▶ Sätze abschreiben, S. 175

▶ Extra

Mala findet | Stifte | auf dem Tisch. |
Ben malt | Bilder | neben der Kiste.

9 **a)** Schreibt den Merksatz von Seite 128 ab.
b) Malt in euren Sätzen Silbenbögen unter die Wörter mit i.

Wiederholen und üben
Mitsprechwörter und Nachdenkwörter

Mitsprechwörter
die Banane …

Mitsprechwörter schreibst du so, wie du sie sprichst.

→ die Banane

Nachdenkwörter
die Bäume …

Bei Nachdenkwörtern musst du nachdenken, wie man sie schreibt.

→ die B??me
(→ der Baum)

1 Sind die Wörter Mitsprechwörter oder Nachdenkwörter?
a) Erstellt zwei Plakate:
Mitsprechwörter und Nachdenkwörter.
b) Schreibt die Wörter auf die Plakate.

► Ein Plakat gestalten, S. 178

→ die Wände • die Reise • die Biene • arbeiten • die Blume • die Wand • der Malkasten • die Häuser • das Feuer • die Kiste • das Kaufhaus • hören • der Tag • die Ananas • der Korb

Wände ist für mich ein Nachdenkwort. Ich finde ein verwandtes Wort: die Wand.

Wand ist für mich ein Nachdenkwort. Ich verlängere das Wort: die Wände.

2 **a)** Ein Kind liest ein Wort von einem Plakat vor.
b) Das andere Kind überlegt: Mitsprechwort oder Nachdenkwort?
Was hilft beim Schreiben von dem Wort?

3 **a)** Wähle drei Mitsprechwörter oder Nachdenkwörter aus.
b) Schreibe die Wörter auf einen kleinen Zettel.

4 Bildet ein Kugellager.

► Kugellager, S. 176

- Die Kinder im Außenkreis lesen ein Wort von ihrem Zettel vor.
- Die Kinder im Innenkreis sagen, was ihnen beim Schreiben von dem Wort hilft.

Mitsprechwörter und Nachdenkwörter

**Du kannst dir auch merken,
wie du Wörter schreiben musst.**

5 **a)** Lies das Wort.

der Wald

b) Merke dir, wie du das Wort schreiben musst.
c) Schreibe das Wort auf.
d) Markiere die Merkstelle im Wort.

der Wald

6 **a)** Wähle fünf Wörter aus dem Kapitel aus.
b) Schreibe diese Wörter genauso.

**Hier kannst du zeigen, was du gelernt hast:
Ich kann Mitsprechwörter und Nachdenkwörter
richtig schreiben. Wähle Ⓐ, Ⓑ oder Ⓒ.**

Ⓐ Leon | malt | eine Ananas. |
Lisa | malt | einen Korb.

Ⓑ Mia und Ben | laufen | auf der W ___ se. |
Pia und Tim | werfen | mit den Bl ___ ttern.

Ⓒ Eine ___ | hat | fünf Finger. |
Zwei ___ | haben | zehn Finger.

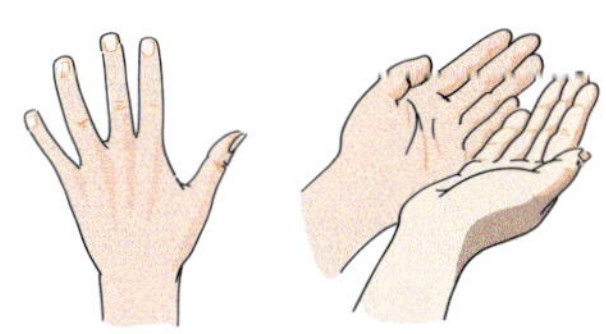

7 **a)** Lies die Sätze.
b) Welcher Wort-Profi hilft dir beim Schreiben?

8 **a)** Schreibe die Sätze von Ⓐ, Ⓑ oder Ⓒ ab.
Die Wort-Profis helfen dir dabei.
b) Überprüft eure Sätze zu zweit.

▶ Mitsprechwörter/
Nachdenkwörter
abschreiben , S. 174

Wörter und Sätze abschreiben
Wörter und Wortgruppen abschreiben

1 Was seht ihr auf dem Bild?

2 **a)** Lest die Wörter und Wortgruppen laut.

▶ Audio

arbeiten	der Tag	einen runden Korb
im Garten	sonnig	schwer
ernten	spannend	eine kurze Pause
die reifen Tomaten	die kleinen Äpfel	fertig

b) Schreibt die Wörter und Wortgruppen an die Tafel.

c) Überlegt bei jedem blauen Wort:
Ist es ein Mitsprechwort oder ein Nachdenkwort?

Mitsprechwort:
Ich **höre**, wie ich das Wort schreiben muss.

Nachdenkwort:
Ich denke nach und **erkläre**, wie ich das Wort schreiben muss.

3 Schreibe die Wörter und Wortgruppen von der Tafel ab.
Die Wort-Profis helfen dir dabei.

▶ Mitsprechwörter/ Nachdenkwörter abschreiben, S. 174

4 **a)** Welche Wörter sind für dich Mitsprechwörter, welche Nachdenkwörter?

der Zweig	die Gurke	die Weintraube	die Bäume
der Eimer	die Zäune	das Gemüse	der Weg

b) Schreibe die Wörter ab. Die Wort-Profis helfen dir dabei.

Sätze abschreiben

Im Garten

1 Tom und Sina | arbeiten | im Garten. |
2 Sie ernten | die reifen Tomaten. | Der Tag | ist sonnig. |
3 Tom ist gerne | im Garten. | Die Arbeit | ist spannend. |
4 Sina holt | für die kleinen Äpfel | einen runden Korb. |
5 Der Korb | ist schwer. | Sina und Tom | lachen. |
6 Es ist Zeit für | eine kurze Pause. | Die Limonade | ist fertig.

1 Wo arbeiten Tom und Sina?

2 Schreibe mindestens drei Sätze aus dem Text **Im Garten** ab.
Arbeite nach den Schritten 1 – 7.
Tipp: Schreibe nur in jede zweite Zeile.

Sätze abschreiben

So schreibe ich Sätze ab:

1 **Ich lese** den ersten Satz.

2 **Ich merke mir** die Wörter bis zum Strich genau.

3 Ich decke die Wörter ab.

4 **Ich schreibe** die Wörter auf.

5 **Ich vergleiche.** Ich streiche Fehlerwörter durch.

6 Ich schreibe die Wörter richtig über die Fehlerwörter.

7 Ich schreibe Teil für Teil so ab.

3 Hast du die Sätze richtig geschrieben?
Überprüft zu zweit.

Großschreibung
Den Satzanfang großschreiben

Auf dem Markt

Lina ist auf dem Markt. Als Erstes geht Lina zu dem Stand mit dem Obst. Da entdeckt Lina rote Erdbeeren. Daneben liegen große Melonen. Lina kauft Äpfel. Die Äpfel legt sie in ihren Beutel.

1 a) Lest abwechselnd einen Satz. Nennt das erste Wort im Satz.
b) Wie viele Sätze hat der Text?
c) Woran erkennt ihr den Anfang und das Ende der Sätze?

!
Das erste Wort in einem Satz schreiben wir immer groß.
An das Ende von einem Satz setzen wir oft einen Punkt.

2 a) Schreibe den Text **Auf dem Markt** ab.
b) Markiere in jedem Satz den Anfang und den Punkt am Ende.

Hier fehlen die Punkte am Satzende.
Die Satzanfänge sind kleingeschrieben.

Lina geht weiter sie entdeckt am nächsten Stand viele Blumen sie mag die roten Rosen auch die gelben Tulpen sind schön

▶ Audio

3 a) Lest den Text vor. Sprecht die Punkte laut mit.
b) Welche Wörter stehen am Satzanfang und müssen großgeschrieben werden?

4 Schreibe den Text richtig in dein Heft.

Nomen großschreiben

In der Stadt und auf dem Markt könnt ihr viel entdecken.

→ der Brunnen,
die Frau,
das Gemüse,
das Mädchen,
das Obst,
der Stand,
die Wolke ...

1 **a)** Welche Menschen und Gegenstände seht ihr auf dem Bild? Schreibt die Wörter mit ihren Begleitern an die Tafel.
b) Markiert die Anfangsbuchstaben.

> **!** **Einige Wörter** schreiben wir **immer groß**.
> Wir nennen sie **Nomen (Namenwörter)**:
> der Stand, das Mädchen, eine Tulpe.

2 **a)** Lest den Text.
b) Setzt für die Bilder Wörter ein.

Auf dem Marktplatz steht der .

Die  scheint.

Eine Frau verkauft die .

Die Verkäuferin kassiert das .

Das Geld legt die Verkäuferin in die .

→ die Blumen
der Brunnen
das Geld
die Kasse
die Sonne

3 Schreibe den Text in dein Heft.
Ergänze die fehlenden Nomen.

Nomen erkennen

Edin geht auch einkaufen.
Er fragt an jedem Stand genau nach:

→

1 Welche Lebensmittel möchte Edin kaufen?
Findet die vier Nomen in den Sprechblasen.

! Daran erkenne ich ein Nomen (Namenwort):
Vor einem Nomen steht oft ein **Artikel (Begleiter)**:
der Korb, das Gemüse, die Frau.

Edin hat eingekauft:

→

das Brot
die Gurke
der Honig
der Käse
die Möhre
der Salat
die Wurst

2 **a)** Zeichne die Tabelle in dein Heft.
b) Schreibe die Nomen mit ihren Artikeln in die Tabelle.

der	das	die
...	das Brot	...

▶ Eine Tabelle zeichnen, S. 177

▶ Extra

3 **a)** Schreibe die Nomen aus der Wörterschlange mit ihren Artikeln in dein Heft.

b) Bilde mit jedem Nomen einen Satz.
c) Markiere die Nomen mit ihren Artikeln.

Nomen erkennen

Von manchen Lebensmitteln hat Edin mehrere eingekauft.

4 Hier stehen Nomen mit ihrem Artikel in der Einzahl.

die Tomate – die _____ die Gurke – _____ der Pilz – _____
die Kartoffel – _____ der Salat – _____ das Ei – _____

a) Bildet die Nomen in der Mehrzahl. Denkt an den Artikel. Schreibt an die Tafel.
b) Markiert alle Artikel in der Mehrzahl. Was fällt euch auf?

In der Mehrzahl heißt der Artikel immer _____.

5 Schreibe die Nomen mit ihren Artikeln auf.

6 Schreibe die Nomen in der Einzahl und Mehrzahl auf.
Tipp: Die Wörterliste hilft dir.

▶ Wörterliste, S. 182–191

→ der Fisch • die Blume • das Brot • die Birne • der Apfel • die Möhre • das Plakat • der Preis

der Fisch – die Fische

Hier kannst du zeigen, was du gelernt hast:
Ich kann den Satzanfang großschreiben und Nomen erkennen.

7 Arbeitet in zwei Schritten: allein – zu zweit.

▶ Think – Pair – Share, S. 176

a) Lies die Sätze: Welche Wörter sind großgeschrieben?

→ Heute ist ein sonniger Tag. Auf dem Markt sind viele Stände.

b) Begründet: Warum werden die Wörter großgeschrieben?

8 **a)** Wähle einen Ort. Was kannst du dort entdecken?
b) Nenne acht Gegenstände oder Lebewesen.
c) Schreibe die Nomen in der Einzahl und Mehrzahl auf.
d) Bilde Sätze mit den Nomen.

→ auf dem Markt, im Klassenraum …
die Tür, das Kind …

▶ Wörterliste, S. 182–191

Wortart Nomen
Nomen unterscheiden

Im Klassenzimmer könnt ihr viel entdecken.

1 Spielt das Spiel **Ich sehe was, was du nicht siehst**.
- Ein Kind beschreibt einen Gegenstand.
  Es nennt nicht den Namen.
- Die anderen Kinder raten.

Ben ist neu in der Klasse.
Milo zeigt Ben die Schul-Bücherei.

→ das Aquarium,
der Computer,
der Drucker,
der Hocker,
der Sitzsack,
die Wasserpflanze,
die Zimmerpflanze
...

2 Was seht ihr auf dem Bild?
- Welche Gegenstände entdeckt ihr?
- Welche Menschen, Tiere und Pflanzen seht ihr?

Schreibt Wörter an die Tafel.

> **!** Diese Wörter sind **Nomen (Namenwörter)**:
> Nomen benennen **Lebewesen** (Menschen, Tiere, Pflanzen):
> der Fisch, das Kind, die Zimmerpflanze.
> Nomen benennen auch **Gegenstände**:
> der Stuhl, das Buch, die Tür.

Nomen unterscheiden

! Manche Nomen benennen etwas, das wir uns **denken**:
der Tag, das Glück, die Zeit.

3 Lest die Sprechblasen. Achtet auf die Nomen.

Gleich beginnt die Pause. Wollen wir ein Spiel ausleihen?

Das ist eine gute Idee! Hier ist noch ein Tisch frei.

4 **a)** Ordnet die Nomen von Aufgabe 3 an der Tafel.

Lebewesen, Gegenstände	*etwas, das wir uns denken*
...	*die Pause*

b) Bildet mit jedem Nomen einen Satz.

5 **a)** Zeichne eine Tabelle in dein Heft.
b) Schreibe die Nomen von der Tafel ab.

▶ Eine Tabelle zeichnen, S. 177

▶ Extra

In jedem Satz sind zwei Nomen.

1 Die Kinder gehen gern in die Bücherei.
2 Sie verbringen dort jede Woche viel Zeit.
3 Sie beobachten die Fische im Aquarium.
4 Sie lesen ein Buch oder nutzen den Computer.
5 Jeden Freitag dürfen sie ein Spiel ausleihen.

6 **a)** Nennt alle Nomen.
b) Ordnet die Nomen in eure Tabelle.

Zusammengesetzte Nomen

Milo und Ben sind in der Schulbücherei.

1 Was sucht Milo in der Schulbücherei?

Nomen können wir zusammensetzen.

2 **a)** Setzt die zwei Nomen zusammen.

das Auto + **der** Schlüssel

der Vogel + **das** Nest

das Wasser + **die** Flasche

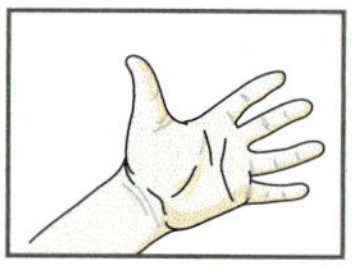

die Hand + **der** Schuh

b) Schreibt die Wörter so an die Tafel:

das Auto + (der) Schlüssel → (der) ...

c) Welchen Artikel haben die zusammengesetzten Nomen?

Zusammengesetzte Nomen haben immer den Artikel (Begleiter) vom ____ Nomen.

3 Schreibe die zusammengesetzten Nomen von der Tafel ab. ▶ Extra

Zusammengesetzte Nomen

4 Bilde zusammengesetzte Nomen. Schreibe sie auf.

der Computer, der Würfel, die Karten → **das** Spiel

der Regen → **der** Schirm, **das** Wetter, **die** Jacke

der Computer + (das) Spiel → ...

**Wenn wir Nomen zusammensetzen,
können wir ein Nomen genauer benennen.**

5 Welche Bälle sind gemeint? Setzt die Nomen zusammen. →

die Feder
der Fuß
die Hand
das Wasser

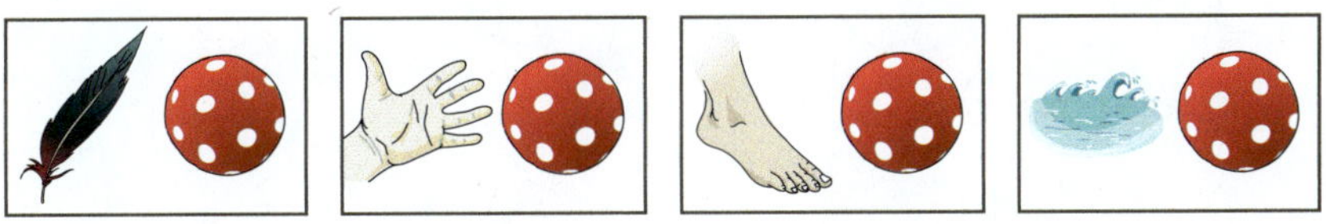

6 Schreibt die Nomen so:

die Feder + (der) Ball → (der) ...

**Hier kannst du zeigen, was du gelernt hast:
Ich kann Nomen unterscheiden und zusammensetzen.**

Die Kinder haben Pause. Milo und Ben gehen zum Hausmeister. Sie holen den Fußball. Die Freunde rennen zum Sportplatz. Jetzt kann das Spiel beginnen!

7 **a)** Lest den Text.
b) Findet im Text mindestens fünf Nomen.
c) Welche Nomen sind zusammengesetzt?

8 **a)** Schreibe den Text ab.
b) Markiere alle Nomen, die du findest.

Wortart Verben
Verben kennen und verwenden

In einem Freizeitpark können die Kinder viel tun.

1 Was tun die Kinder im Freizeitpark?

Die Kinder klettern. Sie ...

→ klettern
rutschen
wippen
fotografieren
streicheln
schaukeln
turnen
springen
...

2 Spielt Pantomime.
- Ein Kind wählt eine Tätigkeit.
  Es zeigt sie ohne Worte und Geräusche.
- Die anderen raten.

! Mit **Verben (Tuwörter)** können wir sagen, was wir und andere **tun**:

wir lach(en), ich sing(e), du mal(st).

Verben kennen und verwenden

3 Stellt euch vor, ihr seid im Freizeitpark. Was tut ihr?
Sammelt die Antworten an der Tafel.

Ich klettere. Du ... Wir ...

4 Schreibe die Sätze in dein Heft.

Auch in einem Klassenzimmer können wir viel tun.

→ sprechen
singen
rechnen
zählen
lachen
...

5 Was tut ihr im Klassenzimmer?
Schreibt Sätze an die Tafel.

Wir lachen.
Wir ...

6 Was tut ihr noch alles im Klassenzimmer?
Sammelt weitere Verben für eine Pantomime.

▶ Hilfe

7 Spielt Pantomime.
- Ein Kind zeigt eine Tätigkeit ohne Worte und Geräusche.
- Die anderen raten.

8 Schreibe Sätze in dein Heft.

Verben verändern

Im Streichelzoo

1 Lina und Jan besuchen den Streichelzoo.
2 Sie gehen gemeinsam zu den Ponys.
3 Jan entdeckt die Schafe. Er geht zu den Schafen.
4 Lina sieht die Ziegen. Sie geht zu den Ziegen.

1 Was tun Lina und Jan im Streichelzoo?
Lest die Sätze. Achtet besonders auf das Verb **gehen**.

2 Welche Formen von **gehen** findet ihr im Text?
Schreibt die Formen an die Tafel.

Lina und Jan → sie gehen
Jan → er ...

3 Schreibe alle Formen von **gehen** ab.

Lina und Jan beobachten, was die Tiere tun.

4 **a)** Welche Tiere seht ihr?
b) Was tun die Tiere?
Schreibt Sätze an die Tafel.

Die Katzen schlafen. → Sie schlafen.

5 Schreibe die Sätze in dein Heft.

Verben verändern

Anna und Leo machen Pause. Anna möchte Karten spielen.

Leo sagt: „Ich spiele gerne Karten.“ Anna lacht: „Ich weiß, du spielst gerne Quartett.“ Leo holt seine Karten, denn er spielt am liebsten Tier-Quartett. Da kommen Lina und Jan. Lina fragt: „Hey, ihr spielt Karten?“ Jan ruft: „Wir spielen auch gern.“ Die Kinder mischen die Karten und sie spielen zusammen.

6 Schreibt alle Formen von **spielen** aus dem Text an die Tafel.

ich spiele, du ...

7 Was bleibt gleich? Was verändert sich?
Arbeitet in drei Schritten: allein – zu zweit – in der Klasse.

▶ Think – Pair – Share, S. 176

a) Schreibe die Verben von der Tafel ab.
b) Markiert blau, was sich verändert.
c) Vergleicht eure Ergebnisse in der Klasse.

8 **a)** Wähle sechs Verben von Seite 142.
b) Schreibe die Verben mit **ich, du, er, sie, es, wir, ihr, sie** in dein Heft.
c) Markiere blau, was sich verändert.

ich rutsch(e), du ...

! Wir verwenden Verben mit **ich, du, er, sie, es, wir, ihr, sie.** Dann verändern sich die Verben.

ich rutsch(e), er turn(t), wir wipp(en)

Mit einem Spiel könnt ihr die Formen der Verben wiederholen und üben.

9 Spielt mit einem Ball.
- Ein Kind wählt ein Verb. Es sagt das Verb mit **ich**.
- Das Kind wirft den Ball zu einem anderen Kind.
- Dieses Kind sagt das Verb mit **du**.

→ malen
trinken
wippen
singen

ich male

du malst

er ...

Verben im Satz erkennen und verwenden

Auf dem Spielplatz

1 Pia und Tim schaukeln.
2 Pia rutscht auf der Rutschbahn.
3 Tim klettert auf dem Klettergerüst.
4 Die Kinder laufen um die Wette.
5 Sie wippen auf der Wippe.

In jedem Satz steht ein Verb (Tuwort).
Mit Fragen findet ihr das Verb im Satz.

1 Was tun die Kinder?
Schreibt die Fragen und die Antworten an die Tafel.

die Fragen:	*die Antworten:*
Was tun Pia und Tim?	*Pia und Tim schaukeln.*
Was tut Pia?	*Pia rutscht.*
...	

2 **a)** Schreibe die Sätze in dein Heft.
b) Markiere die Verben.

3 Was tun die Kinder noch?
a) Schreibe die Fragen und Antworten in dein Heft.
b) Markiere die Verben.

→ Was tun ...?
Was tut ...?

6 Pia und Tim bauen eine Sandburg.
7 Sie graben ein tiefes Loch.
8 Tim pfeift ein Lied. Pia lacht laut.
9 Sie spielen miteinander.

4 Was tun die Menschen? Bildet Sätze.

Ich	singe pfeife	ein Lied. eine Melodie.
Du	malst fotografierst	ein Tier. ein Pony. eine Ziege. einen Esel.
Jan/Er Lina/Sie	füttert besucht	
Wir	lesen schreiben	eine Nachricht. eine Geschichte.
Ihr	bezahlt kauft	eine Limo. einen Saft. einen Apfel. ein Brötchen.
Die Kinder / Sie	essen trinken	

5 **a)** Schreibe sechs Sätze von der Tafel in dein Heft.
Denke an den Punkt am Satzende.
b) Markiere die Verben.

6 Was machen die Kinder in der Pause?
Was machst du in der Pause?

→ spielen, reden, klettern, lachen, rennen, rutschen, schaukeln ...

a) Bilde sechs eigene Sätze.
b) Schreibe deine Sätze in dein Heft.

Die Kinder spielen in der Pause. Ich ...

c) Überprüft die Sätze zu zweit.

Passende Verben verwenden

Tiere bewegen sich verschieden.

die Ente

die Katze

die Schnecke

das Pferd

der Fisch

der Frosch

→ watscheln
schleichen
kriechen
galoppieren
schwimmen
hüpfen

1 Was tun die Tiere genau? Schreibt Sätze an die Tafel.

Die Ente watschelt.

2 Schreibe die Sätze von der Tafel in dein Heft.

Auch Menschen können sich verschieden bewegen.

3 Was tun die Menschen genau? Ihr könnt es ausprobieren. Spielt Pantomime.
- Ein Kind zeigt eine Bewegung ohne Worte und Geräusche.
- Die anderen raten.

→ flitzen, rennen, schlendern, laufen, schleichen, humpeln, schlurfen, bummeln

4 Bildet Sätze mit passenden Verben.

1 Die Kinder gehen auf den Berg.
2 Ich gehe schnell.
3 Tom geht leise über den Flur.
4 Das Mädchen mit dem gebrochenen Bein geht langsam.

5 **a)** Schreibe die Sätze mit passenden Verben auf.
b) Markiere die Verben.

Passende Verben verwenden

Fahrzeuge fahren unterschiedlich: schnell oder langsam, leise oder laut.

1 Der Traktor fährt über das Feld.
2 Das Auto fährt langsam bis zur Ampel.
3 Ich fahre schnell mit dem Fahrrad zur Schule.
4 Das Motorrad fährt schnell über die Autobahn.

→ tuckern, rollen, flitzen, sausen, rasen ...

6 Arbeitet in zwei Schritten: allein – zu zweit.
a) Überlege bei jedem Satz:
Welches Verb kannst du für **fahren** einsetzen?
b) Vergleicht: Welche Lösungen habt ihr gefunden?

▶ Think – Pair – Share, S. 176

7 **a)** Schreibe die Sätze mit passenden Verben auf.
b) Markiere die Verben.

8 Schreibe mit den Verben von Aufgabe 6 eigene Sätze auf.

Das Mofa tuckert laut. Der Laster ...

Hier kannst du zeigen, was du gelernt hast:
Ich kann Verben erkennen, verändern und in Sätzen verwenden.

9 **a)** Schreibe die Sätze ab.
b) Markiere die Verben.

→ Ich gehe zum Kino. • Jan wartet schon. • Wir gehen zur Kasse. • Wir warten in der Schlange.

10 Was passiert als Nächstes? Schreibe drei Sätze.

Wir ▬▬ die Tickets. Jan ▬▬ eine Tüte Nüsse. Ich ▬▬ eine Flasche Wasser.

→ kaufe
kauft
kaufen

11 Spielt mit einem Ball.
– Ein Kind sagt ein Verb mit **ich**.
– Das nächste Kind sagt das Verb mit **du**.

ich gehe
du ...

Wortart Adjektive
Mit Adjektiven beschreiben und vergleichen

Maria findet in einer Zeitschrift ein Rätsel.

> **Welches Bild zeigt Burg Adlerfels?**
>
> 1 Burg Adlerfels ist groß. Der Turm ist dick.
> 2 Die Fenster sind schmal. Das Tor ist rund.

1 Welches Bild zeigt Burg Adlerfels? Löst das Rätsel.
Arbeitet in drei Schritten: allein – zu zweit – in der Klasse.

a) Überlege allein.
b) Vergleicht euer Ergebnis.
c) Klärt gemeinsam: Woran habt ihr die Burg erkannt?

▶ Think – Pair – Share, S. 176

> **!** Mit Adjektiven (Wiewörtern) können wir etwas genauer **beschreiben**. Adjektive sagen, **wie** etwas ist:
>
> klein, dünn.

2 Stellt euch gegenseitig Rätsel. Wie sieht die Burg aus?
- Ein Kind wählt eine Burg.
  Es beschreibt die Burg mit Adjektiven.
- Das andere Kind löst das Rätsel.

→ die Burg, der Turm, das Tor, die Fahne, die Fenster,
rund – eckig,
dünn – dick,
breit – schmal,
klein – groß ...

Mit Adjektiven beschreiben und vergleichen

Wir können mit Adjektiven Gegenstände beschreiben.
So können wir sie besser unterscheiden.

1

2

→ flach – tief,
leicht – schwer,
krumm – gerade,
grün – rot

3 Wie sind die Gegenstände? Beschreibt.

Reihe 1: Der Teller ist …

4 **a)** Schreibe Sätze zu den Gegenständen auf.
b) Markiere die Adjektive.

▶ Hilfe

Reihe 1: Der Teller ist flach.

5 **a)** Finde das Gegenteil.

Ein Eis ist nicht warm, es ist …
Nach dem Essen bin ich nicht hungrig,
ich bin …

! Wir können mit Adjektiven Gegenteile beschreiben:

leicht – schwer.

b) Bilde eigene Sätze mit den Adjektiven.

▶ Hilfe

→ lang – kurz • dunkel – hell • weich – hart • rund – eckig

6 Wie sind die Gegenstände? Spielt ein Ratespiel.
- Ein Kind wählt einen Gegenstand im Klassenzimmer. Es nennt nicht den Namen.
- Das Kind beschreibt den Gegenstand mit mindestens drei Adjektiven.
- Die anderen aus der Klasse raten.

Mein Gegenstand ist grün, eckig und groß.

Mit Adjektiven beschreiben und vergleichen

In diesem Kartenspiel vergleichen wir Tiere.

Der Wal-Hai

Größe: 18 m*
Gewicht: 12 000 kg**
Alter: 100 Jahre

Der Stör

Größe: 5,5 m*
Gewicht: 1 500 kg**
Alter: 150 Jahre

Der Delfin

Größe: 2,4 m*
Gewicht: 150 kg**
Alter: 30 Jahre

* der Meter ** das Kilogramm

1 Was erfahrt ihr über den Wal-Hai?
Stellt Fragen und beantwortet sie:
Wie groß ... ?
Wie schwer ...?
Wie alt ...?

2 Vergleicht immer zwei Tiere.
- Entscheidet euch jeweils für eine Karte.
- Lest abwechselnd das Tier und eine Zahl vor.

→ kleiner als – größer als ...
leichter als – schwerer als ...
wird nicht so alt wie – wird älter als ...

Der Wal-Hai wiegt ___ Kilogramm.

Der Delfin wiegt ___ Kilogramm.
Der Delfin ist ___ als der Wal-Hai.

Wir können auch Gegenstände vergleichen.

3 Auch mit diesen Adjektiven kannst du vergleichen. Schreibe auf.

→ hart • spitz • schwer • schön • hell • tief • weich • breit • dick

hart – härter als ...

4 Vergleicht Gegenstände. Bildet Sätze.

Mein Bleistift ist spitzer als ...

Mein Radiergummi ist weicher als ...

Adjektive vor Nomen

Du kannst Tiere genauer beschreiben.

1 Beschreibt die Tiere mit Adjektiven. Die Tafel hilft euch.

Die Giraffe Der Elefant Die Maus Der Löwe Der Papagei Der Frosch	hat	einen	kurzen langen krummen grauen	Hals. Rüssel. Schnabel. Schwanz.
		ein	braunes geflecktes glattes kurzes buntes	Fell. Gefieder.
		eine	spitze große feuchte prächtige	Nase. Mähne. Haut.

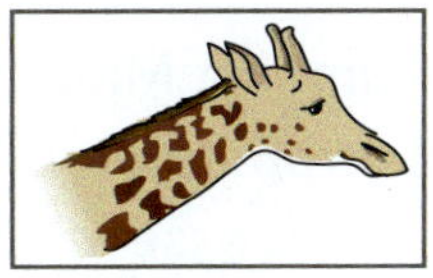
die Giraffe

der Elefant

die Maus

der Löwe

der Papagei

der Frosch

2 **a)** Schreibe passende Sätze in dein Heft.
b) Markiere die Adjektive grün und die Nomen blau.

Die Giraffe hat einen langen Hals.

Hier kannst du zeigen, was du gelernt hast:
Ich kann mit Adjektiven beschreiben und vergleichen.

die Ente

der Papagei

die Taube

3 **a)** Wähle einen Vogel.
b) Beschreibe das Aussehen mit Adjektiven.

→ der Schnabel • das Gefieder • der Schwanz • die Beine •
kurz – lang • schmal – breit • krumm • kräftig • spitz ...

4 Vergleicht eure Vögel.

Der Schnabel der Ente ist ... als ...

Sätze
Satzanfang und Satzschlusszeichen

Mia schreibt Sätze zu ihrem Namen auf.

Mein Name ist Mia.
Ich bin zwölf Jahre alt.
Am liebsten esse ich Äpfel.

1 **a)** Lest die Sätze.
b) Woran erkennt ihr den Anfang und das Ende der Sätze?

2 Was erzählt Mia von sich?

▶ Audio

ist Mein Lieblingsfach Kunst.	gerne Fußball. Ich spiele	ist ein Pinguin. Mein Lieblingstier	Ich einen Bruder. habe

3 Schreibe die Sätze richtig in dein Heft.

! Das erste Wort in einem Satz schreiben wir immer groß.
An das Ende von einem Satz setzen wir oft einen Punkt.

4 Mia erzählt weiter.
a) Schreibe Sätze in dein Heft.
b) Markiere den Anfang und das Ende der Sätze.

Mein Bruder und ich Meine Eltern Wir	lernen spielen mögen	Handball. Kartenspiele. Gitarre.
Mein Bruder Mein Vater Meine Mutter	malt zeichnet mag	wilde Tiere. bunte Blumen. Bilder.

Satzanfang und Satzschlusszeichen

Die Klasse hat viele Fragen an Mia.
Die Kinder schreiben Mia im Klassen-Chat.

Was malst du gerne?

Warum magst du Pinguine?

Wo spielst du Fußball?

Wie heißt dein Bruder?

5 **a)** Lest die Fragen.
b) Welches Satzzeichen steht am Satzende?

! Wir stellen Fragen, wenn wir etwas wissen möchten.
An das Ende von einem Fragesatz setzen wir ein Fragezeichen.

6 **a)** Schreibe die Fragen ab.
b) Markiere den Anfang und das Ende der Fragen.

Hier kannst du zeigen, was du gelernt hast.
Ich kann den Satzanfang großschreiben und Satzschlusszeichen setzen.

Wo wohnst du?

Was isst du gerne?

Was machst du am Nachmittag?

Was liest du gerade?

7 Stellt euch gegenseitig die Fragen und beantwortet sie. ▶ Extra

Wo wohnst du? – Ich wohne in …

8 **a)** Schreibe die Fragen und deine Antworten auf.
b) Markiere den Anfang und das Ende der Sätze.

Das Alphabet
Das Alphabet üben

Das Alphabet (Abc) hat 26 Buchstaben.

A B C D E F G

H I J K L M N O P

Q R S T U V W

X Y Z

1 Singt das Alphabet (Abc) mit der Klasse. ▶ Audio

Ihr könnt das Alphabet (Abc) auswendig lernen.
Arbeitet zu zweit oder in der Gruppe. Wählt Aufgabe 2 oder 3.

2 Ein Kind legt eine Münze auf einen Buchstaben.
Das andere Kind errät den Buchstaben.
Wechselt euch ab.

3 Werft euch in der Gruppe einen Ball zu.
Nennt dabei der Reihe nach alle Buchstaben vom Abc.

4 Spielt in der Klasse mit den Buchstaben.
- Jeder wählt einen Buchstaben und schreibt ihn auf ein Blatt.
- Ihr stellt euch nach dem Abc geordnet auf.
- Ihr tauscht die Blätter. Ihr stellt euch wieder auf.

Ihr könnt eure Vornamen nach dem Abc ordnen.

5 **a)** Sagt nacheinander eure Vornamen.
b) Nennt den Buchstaben, mit dem euer Vorname anfängt.
c) Stellt euch nach dem Abc geordnet auf.

Das Alphabet üben

Ihr könnt Tiernamen nach dem Abc ordnen.
Dann könnt ihr eine Kartei für Tiersteckbriefe anlegen.

6 **a)** Schreibe alle Buchstaben vom Abc untereinander auf.
b) Schreibe die Tiernamen zu den passenden Buchstaben. ▶ Extra

die Ameise

die Giraffe

der Delfin

der Frosch

der Tiger

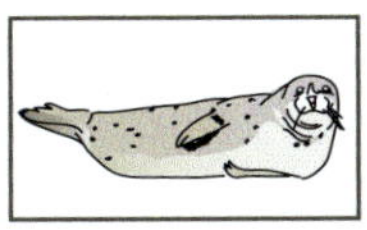
der Seehund

der Wolf

der Pinguin

A die Ameise
B
C
D
...

Du kannst mit der Wörterliste
dein eigenes Abc aufschreiben.

7 **a)** Schreibe alle Buchstaben vom Abc untereinander auf.
b) Schreibe zu jedem Buchstaben ein Wort auf.

das Xerus

das Yak

▶ Wörterliste, S. 182–191

Ihr könnt ein Spiel zum Abc spielen. Ihr sammelt Wörter.

8 **a)** Zeichnet eine Tabelle an die Tafel.
b) Entscheidet euch für einen Buchstaben.
c) Findet Tiere, Gegenstände und Lebensmittel mit dem Buchstaben am Anfang.
d) Wählt einen neuen Buchstaben und beginnt von vorn.

▶ Eine Tabelle zeichnen, S. 177

der Buchstabe	*ein Tier*	*ein Gegenstand*	*ein Lebensmittel*
A	*die Ameise*	*der Anspitzer*	*der Apfel*
D	*der Delfin*	*die Dose*	*...*

Wörter nachschlagen

Es gibt zu jedem Großbuchstaben einen Kleinbuchstaben.

A / ▇	▇ / b	C / ▇	D / ▇	▇ / e	F / ▇	▇ / g
▇ / h	I / ▇	▇ / j	K / ▇	▇ / l	M / ▇	▇ / n
O / ▇	▇ / p	Q / ▇	▇ / r	▇ / s	T / ▇	▇ / u
V / ▇	▇ / w	X / ▇	▇ / y	Z / ▇		

1 a) Schreibe alle Großbuchstaben und Kleinbuchstaben auf.
b) Schreibe mindestens fünf Wörter auf, die mit einem Kleinbuchstaben anfangen.

▶ Hilfe
▶ Wörterliste, S. 182–191

Wörterlisten sind nach dem Abc geordnet.

2 a) Schreibe die folgenden Wörter untereinander auf.
b) Finde jedes Wort in der Wörterliste.
Schreibe die Seite und die Spalte dahinter.

▶ Wörterliste, S. 182–191

→ der Igel • der Kasten • der Löffel • die Mathematik • der Ordner • die Pflanze • der Schlüssel • der Wagen

der Igel (Seite 186, Spalte 1)

Diese Wörter sind nach dem zweiten Buchstaben geordnet.

die Banane	der Faden	der Saft
das Bein	der Film	die Sonne
das Brot	der Frosch	der Stern

3 Warum sind die Wörter so geordnet?

4 a) Schreibe die Wörter geordnet ab.
b) Markiere den ersten und den zweiten Buchstaben.

In der Wörterliste stehen Nomen mit ihren Artikeln (Begleitern).

5 **a)** Finde die folgenden Nomen in der Wörterliste. ▶ Wörterliste, S. 182–191
b) Schreibe jedes Nomen mit seinem Artikel auf.
Schreibe die Seite und die Spalte dahinter.

___ Junge, ___ Fahrrad, ___ Biene, ___ Lehrer
___ Mädchen, ___ Punkt, ___ Spiel, ___ Freundin

der Junge (Seite 186, Spalte 1)

In der Wörterliste stehen Nomen in der Einzahl und der Mehrzahl.

6 **a)** Finde die folgenden Nomen in der Wörterliste. ▶ Wörterliste, S. 182–191
b) Schreibe jedes Nomen in der Einzahl und der Mehrzahl auf.
Schreibe die Seite und die Spalte dahinter.

der Ball → die ___
das Kino → die ___
der Fisch → die ___
der Stuhl → die ___
die Maus → die ___
der Block → die ___

der Ball → die Bälle (Seite 182, Spalte 2)

Hier kannst du zeigen, was du gelernt hast.
Ich kann Wörter ordnen und nachschlagen.

Wie muss ich diese Wörter schreiben?
Ich schlage die Wörter nach.

7 Tom möchte ein Plakat gestalten.
Welche Wörter möchte er nachschlagen?

▶ Audio

8 **a)** Finde jedes Wort in der Wörterliste. ▶ Wörterliste, S. 182–191
b) Schreibe jedes Wort mit seinem Begleiter auf.
Schreibe die Seite und die Spalte dahinter.

Mit dem PC arbeiten
Der Computer

Viele Menschen nutzen heute einen Laptop.
Ein Laptop und ein Computer bestehen aus verschiedenen Teilen.
Manchmal nutzen wir auch mehrere Geräte.

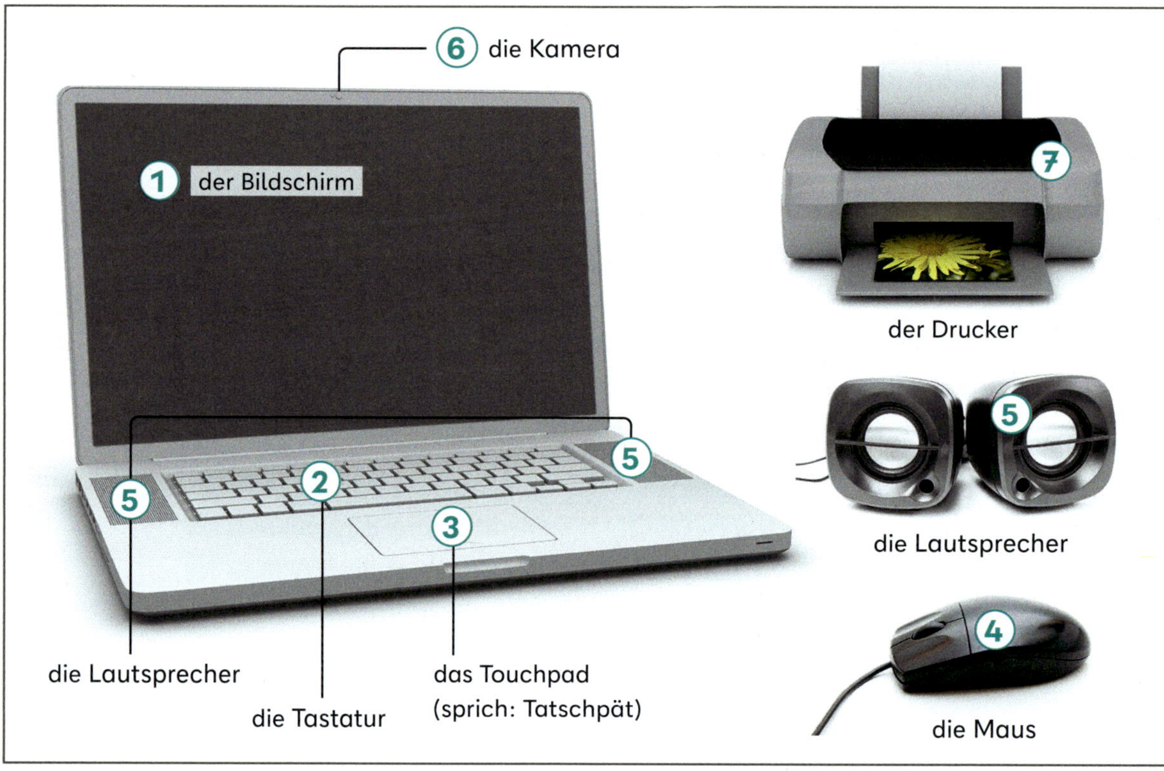

1 Nennt die wichtigsten Geräte und Teile vom Laptop.
Schreibt die Namen an die Tafel.

▶ Quiz

2 Was könnt ihr mit den Geräten und Teilen machen?
Arbeitet in drei Schritten: allein – zu zweit – in der Klasse.

▶ Think – Pair – Share, S. 176

a) Überlege zunächst allein.

Auf dem Bildschirm kann ich …
Mit der Tastatur kann ich …

→ Texte schreiben, Texte lesen, Bilder ansehen, Musik hören, drucken, etwas anklicken, an einer Video-Konferenz teilnehmen

b) Sprecht über eure Ergebnisse.
c) Sammelt eure Ergebnisse in der Klasse.

Mit der Tastatur schreiben

Diese Tasten brauchst du zum Schreiben.

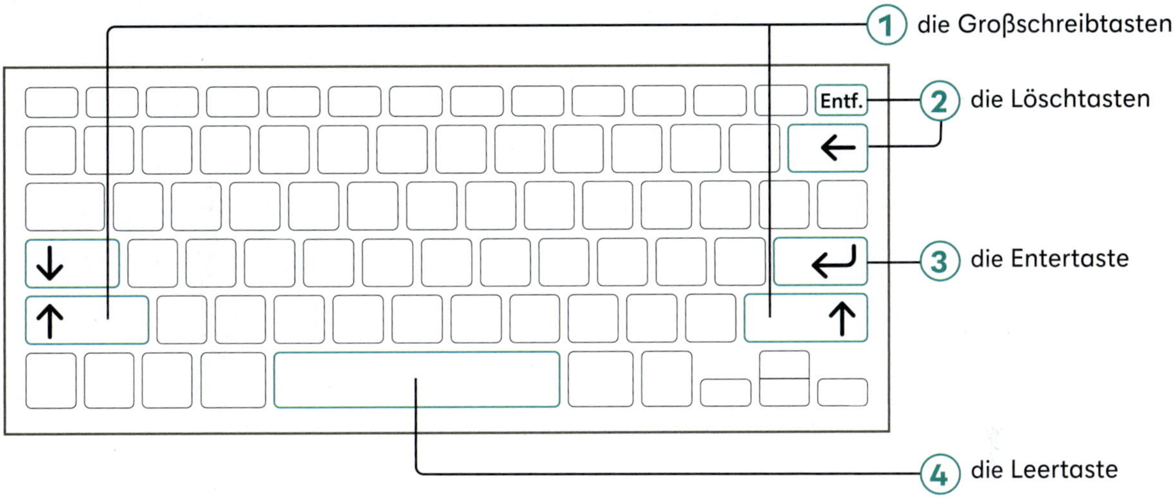

1 Schreibt die Namen der wichtigsten Tasten an die Tafel.

Die Großschreibtasten schreiben Großbuchstaben:
Ich halte eine Großschreibtaste gedrückt und
tippe dabei einen Buchstaben.
Dann wird der Buchstabe großgeschrieben.
Die Löschtasten löschen Buchstaben.
Die Entertaste beginnt eine neue Zeile.
Die Leertaste trennt zwei Wörter.

2 Was könnt ihr mit diesen Tasten machen?

3 Schreibe den Satz mit dem PC ab.
Benutze die richtigen Tasten.

Ein winzig kleiner Floh,
der saß im Stroh und war sehr froh.

Mit dem PC ordnen

Ähnlich wie du Arbeitsblätter ordnen kannst, kannst du auch Geschriebenes im Computer ordnen.

Ich habe im Regal eine große Kiste. Darin sind meine Schulsachen.

Ich habe im Computer eine große Kiste: Dokumente. Darin sind die Schulsachen, die ich am Computer geschrieben habe.

So ordnet Lisa:

In der Kiste habe ich Schnellhefter. Einer ist für Deutsch. Darin hefte ich Arbeitsblätter für Deutsch ab. Ich muss wissen, in welchem Schnellhefter die Sachen sind!

So ordnet Ali:

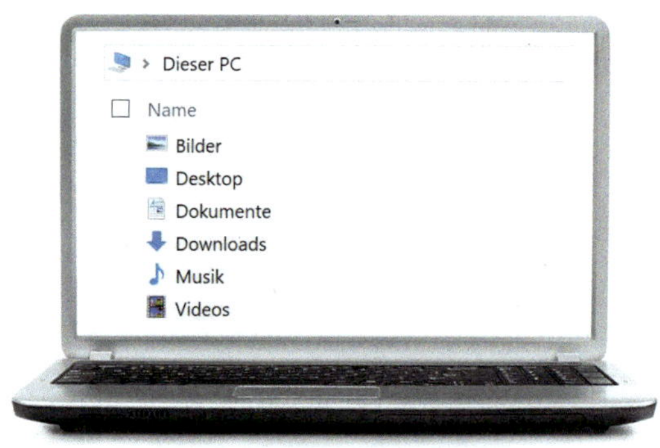

In Dokumente habe ich Ordner. Ein Ordner ist für Deutsch. Da speichere ich, was ich für Deutsch geschrieben habe. Ich muss wissen, in welchem Ordner die Sachen sind!

Lisa und Ali haben ein Gedicht abgeschrieben.
Lisa ordnet das Gedicht ein. Ali speichert es ab.

So ordnet Lisa:

Ich hole aus der Kiste den Schnellhefter für Deutsch. Ich hefte das Gedicht ein.

Dann räume ich den Schnellhefter weg.

So ordnet Ali:

Ich hole mir aus Dokumente den Ordner für Deutsch. Ich speichere das Gedicht. Ich klicke auf: Speichern . Ich schließe die Datei.

1 Wie ordnet **Lisa**? Wie ordnet **Ali**?

1 Lisa: Im ___ finde ich die Kiste.
2 Ali: Im ___ finde ich Dokumente .

3 Lisa: In der Kiste finde ich den ___ für Deutsch.
4 Ali: In Dokumente finde ich den ___ für Deutsch.

5 Lisa: Im Schnellhefter für Deutsch finde ich das ___.
6 Ali: Im Ordner für Deutsch finde ich das ___.

→ Computer
Regal
Ordner
Gedicht
Schnellhefter
Gedicht

Einen Text mit dem PC schreiben

Ali hat eine Einladung
mit dem PC geschrieben.
Er hat die Einladung gespeichert.

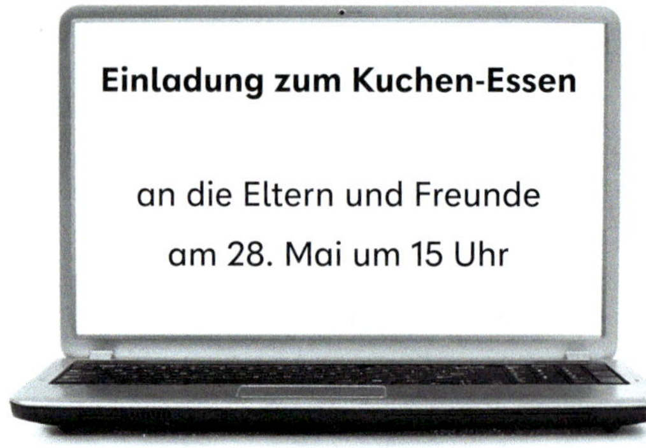

1 Mache es wie Ali.
a) Öffne dein Schreibprogramm.
b) Schreibe die Überschrift **Einladung** auf die leere Seite.

2 Speichere das Dokument.

Ein Dokument speichern

- Ich klicke auf Datei .
- Ich klicke auf Speichern unter .
- Ich klicke auf Durchsuchen .
- Ich klicke auf Dokumente .

  Hier steht jetzt: Dateiname: Einladung .
- Ich klicke auf Speichern .

  Oben links steht jetzt: Einladung .

3 Schreibe deine Einladung mit dem PC ab.
Lasse zwischen den Zeilen einen größeren Abstand.
Klicke dazu nach jeder Zeile zweimal auf die Entertaste.

▶ Seite 96

4 Speichere jetzt die ganze Einladung.
Mache es wie in Aufgabe 2.

Du kannst auch deine Geschichte über Moro mit dem PC abschreiben.

▶ Seite 82

**Ali hat seine Einladung am PC gestaltet.
Er hat die Überschrift größer geschrieben.**

1 Mache es wie Ali.
Markiere deine Überschrift.

Ein Wort markieren

- Ich gehe mit dem Cursor auf ein Wort. — Einladung
- Ich klicke mit der linken Maustaste doppelt auf das Wort. Jetzt ist das Wort markiert. — Einladung

2 Stelle für die Überschrift eine größere Schriftgröße ein.
- Suche in der Menüleiste diese Stelle:

- Klicke mit der linken Maustaste auf:
- Wähle eine Schriftgröße und klicke auf die Zahl.

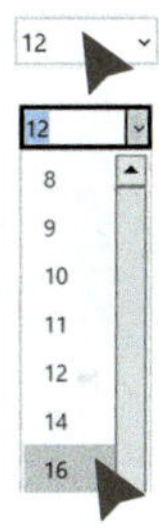

Ali hat die Wörter in die Mitte der Zeile gerückt.

3 Mache es wie Ali.
- Markiere ein Wort oder mehrere Wörter.
- Suche in der Menüleiste diese Stelle:
- Klicke mit der linken Maustaste auf:

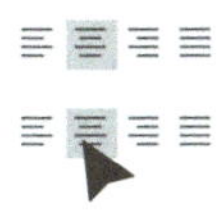

4 a) Speichere deine Einladung.
b) Klicke auf Drucken.

**Ihr habt Einladungen mit der Hand und
mit dem PC geschrieben und gestaltet.**

5 Überlegt zum Schluss:
- Welches Blatt gefällt euch besser?
- Für welches Abschreiben habt ihr mehr Zeit gebraucht?
- Wie schreibt ihr lieber ab?

Lese-Ecke
Ein Märchen lesen

Das folgende Märchen erzählt von einem Prinzen. Der Prinz sucht einen richtigen Freund.

1 Vor dem Lesen

▶ Lese-Profi, S. 172

▶ Video

a) Ich sehe mir die Bilder an. Was sagen sie mir?

b) Ich lese die Überschrift.
Was könnte in dem Märchen stehen?

Arabisches Volksmärchen

Der Sohn des Königs

Es war einmal ein kleiner Prinz. Er suchte einen Freund. Seine Mutter sagte zu ihm: „Die Jungen wollen nur deine Freunde sein, weil du der Sohn vom König bist.“ „Was soll ich tun?“, fragte der Prinz. Die Mutter sagte: „Lade die Jungen, mit denen du spielst, zum Frühstück ein.“

Zuerst lud der Prinz den Sohn vom Richter ein. Die Mutter brachte drei Eier. Der Sohn vom Richter aber aß die Eier allein auf. Da sprach die Mutter: „Das ist ein habgieriger Junge. Er denkt nur an sich.“

Ein paar Tage später lud der Prinz den Sohn vom Kaufmann zum Frühstück ein. Die Mutter brachte wieder drei Eier. Der Sohn vom Kaufmann lachte. Er rief: „Das soll ein Frühstück sein?“ Er aß nichts und lief nach Hause. Die Mutter sprach: „Er ist verwöhnt. Er will für sich nur das Allerbeste haben.“

Ein Märchen lesen

Der kleine Prinz kannte auch den Sohn vom Holzfäller. Der Prinz spielte oft mit ihm im Wald. Er lernte viel von ihm. Mittags ging er auch oft zu ihm. Mit der Familie vom Holzfäller aß der Prinz Suppe mit trockenem Brot. Der Prinz hatte den Sohn vom Holzfäller lieb.

Eines Tages lud er den Sohn vom Holzfäller zum Frühstück ein. Die Mutter brachte drei Eier. Der Sohn vom Holzfäller schälte die Eier. Danach holte er sein Messer hervor. Er schnitt ein Ei in der Mitte durch. Dann sagte er zu dem Prinzen: „Du isst ein und ein halbes Ei und ich esse ein und ein halbes Ei." Lächelnd sprach die Mutter: „Er hat ehrlich mit dir geteilt. Er ist ein richtiger Freund."

Von diesem Tag an waren die beiden unzertrennlich. Und als der Prinz später König wurde, machte er den Sohn vom Holzfäller zu seinem Ratgeber. V

Quiz

1 Der Prinz sucht einen richtigen Freund.
Welchen Rat gibt ihm seine Mutter?

2 Der Prinz lädt drei Jungen zum Frühstück ein.
- Was macht der Sohn vom Richter?
- Was sagt der Sohn vom Kaufmann?
- Was macht der Sohn vom Holzfäller?

3 Was tun richtige Freunde?
Sammelt Ideen an der Tafel.

→ teilen, helfen ...

Eine Geschichte mit Geräuschen vortragen

Die folgende Geschichte erzählt von Karim.
Karim ist auf dem Weg zur Lesenacht in der Schule.

1 Lest die Geschichte mit dem Lese-Profi.

2 **Beim Lesen**

▶ Lese-Profi, S. 172

▶ Video

a) Ich lese die Schlüsselwörter.
Was verraten mir die Schlüsselwörter über die Lesenacht?

b) Ich lese die Geschichte einmal durch. Was weiß ich jetzt?

c) Ich lese die Geschichte genau.

nach Werner B. Ninte

Was quiekt und kracht in der Lesenacht?

Vorsichtig öffnet Karim die Schultür. Kalter Regen klatscht in sein Gesicht. Vor ihm liegt der dunkle Schulhof. Plötzlich blitzt es am Himmel. In der Ferne ist ein dumpfes Donnern zu hören. Der Regen plätschert.

Karim setzt seine Kapuze auf. Er hat sein Buch vergessen und will es schnell holen. Wenige Minuten später ist er zurück. Der Regen rauscht in den Blättern der Bäume.

Was ist das? Karim erschrickt. Da quiekt doch etwas ganz leise. Und es faucht noch dazu. Das Geräusch wird lauter und lauter. Karim starrt mit großen Augen in die Dunkelheit. Doch nichts ist zu sehen. Dann knurrt es drohend. Plötzlich ist es ganz still. Hastig stolpert Karim weiter zur Schule.

Da heult es laut über Karim. Und dazu raschelt es. Karim läuft immer schneller. Nun knackt es auch in den Büschen. Wer schleicht sich da an? Und flüstert da nicht jemand?

Karim summt eine Melodie. Er will sich selbst Mut machen. Nun knarrt und flüstert es direkt neben ihm. Karim rennt. Der kurze Weg zum Schulgebäude kommt ihm endlos vor.

Endlich kann Karim die Tür öffnen. Da huscht etwas an ihm vorbei. Karim traut seinen Augen nicht: Im Lichtschein sieht er zwei kleine Waschbären! Wie die ihn erschreckt haben!

▶ Quiz

2 Worum geht es in der Geschichte?
Stellt euch gegenseitig Fragen und beantwortet sie.

→ Wer ...?
Wo ...? Wann ...?
Was passiert ...?
Wie endet ...?

Ihr könnt die Geschichte vortragen.
Mit Geräuschen könnt ihr die Geschichte lebendiger machen:
mit der Stimme, mit den Händen oder mit Gegenständen.

3 **a)** Überlegt, wie ihr die Schlüsselwörter hörbar macht.
b) Zeichnet die Tabelle in euer Heft.
c) Ergänzt die Tabelle.

▶ Eine Tabelle zeichnen, S. 177

Schlüsselwörter	Töne	Bilder
Regen klatscht	auf einen Topfdeckel schlagen	
...	...	...

4 **a)** Übt den Vortrag mehrmals.
b) Tragt die Geschichte mit Geräuschen vor.

**Der folgende Buchausschnitt erzählt von Bruno.
Bruno lag in seinem Bett und konnte nicht einschlafen.**

▶ Lese-Profi, S. 172

▶ Video

Håkon Øvreås

Super-Bruno

Bruno lag mit offenen Augen in seinem Bett. Draußen auf dem Schotter hörte er Fahrradreifen bremsen, und er meinte auch Lachen zu hören. Aber als er aufstand und auf die dunkle Straße schaute, war sie leer. Bruno legte sich wieder hin. […] Er konnte einfach nicht einschlafen […].

Er hörte, wie Mama und Papa ins Bett gingen.

Vorsichtig knipste er Licht an und ging zum Kleiderschrank. Darin standen die Farbeimer, die er von Tante Ingela bekommen hatte. Er öffnete einen Eimer und tauchte einen Bleistift hinein. Die zähe braune Masse ließ sich nur schwer umrühren. Er konnte Buchstaben schreiben, und er schrieb seinen Namen: B-R-U-N-O. Die Farb-Oberfläche wurde wieder glatt. Danach schrieb er B-R-A-U-N. Wieder verschwanden die Buchstaben, und dann schrieb er.

B-R-A-U-N-O.

Schnell stand er auf. Im Schrank fand er eine braune Hose, auf dem Bord darüber ein schwarz-braun gestreiftes T-Shirt. Er schlich ins Wohnzimmer. Auf dem Sofa lag eine hellbraune Decke. Die nahm er mit in sein Zimmer und knotete sie sich um den Hals. Das war ein feiner Umhang, aber der Knoten wurde ein bisschen zu dick. In einer Schreibtisch-Schublade fand er eine Schere. Damit schnitt er einen Halbmond in die Decke, sodass sein Hals hineinpasste. Jetzt wurde der Knoten perfekt. Aus dem Stückchen Stoff, das er herausgeschnitten hatte, machte er sich eine Maske. […]

Bruno schlich ins Badezimmer und sah sich im Spiegel an. Da stand er: der Superheld Brauno. Unter dem braunen Umhang hämmerte sein Herz. Er war nicht mehr nur Bruno. Er war Super-Bruno. Über der Schranktür hing ein brauner Gürtel, der seiner Mama gehörte. Genau der richtige Gürtel für einen Superhelden. Jetzt war er bereit für den Einsatz. [...] V

▶ Quiz

1 a) Von wem erzählt die Geschichte?
b) Wo spielt die Geschichte?
c) Zu welcher Tageszeit spielt die Geschichte?

Bruno konnte nicht einschlafen.

2 Was machte Bruno?
Erzählt der Reihe nach.

3 Bruno bastelte sich ein Helden-Kostüm.
Wie sieht das Kostüm aus?

4 Was könnte Bruno erleben?

Du hast einen Buchausschnitt gelesen.

3 Nach dem Lesen

▶ Lese-Profi, S. 172

Ich überlege zum Schluss:
Was nehme ich aus dem Text mit?

5 Möchtest du das Buch lesen? Begründe.

Ich gebe dem Buchausschnitt ... Sterne.
Ich möchte das Buch ..., weil ...

→ ★ = nicht lesen
★★ = vielleicht lesen
★★★ = lesen

Zum Nachschlagen
Der Lese-Profi

Der Lese-Profi hilft mir beim Lesen und Verstehen von Texten.

▶ Video

1 Vor dem Lesen

▶ Lese-Profi, S. 28–31, 52, 60, 72, 110, 111, 166, 168, 170

a) Ich sehe mir die Bilder an.
Was sagen mir die Bilder?

b) Ich lese die Überschrift.
Was könnte in dem Text stehen?
Was kenne ich schon?

c) Ich sehe mir den ganzen Text an.
Was fällt mir auf?
- Abschnitte
- Schlüsselwörter

2 Beim Lesen

a) Ich lese die Schlüsselwörter.
Was verraten mir die Schlüsselwörter?

b) Ich lese den Text einmal durch.
Was weiß ich jetzt?

c) Ich lese den Text genau.
Welche Wörter kenne ich nicht? Wo finde ich Erklärungen?
Was steht in den Abschnitten?
Was weiß ich nun über den ganzen Text?

3 Nach dem Lesen

a) Ich kann etwas zum Text aufschreiben.
Was finde ich wichtig?
Was soll ich tun?

b) Ich überlege zum Schluss:
Was habe ich gut gemacht?
Was nehme ich mir aus dem Text mit?

Der Schreib-Profi

Der Schreib-Profi hilft mir beim Schreiben von Texten.

▶ Video

1 Vor dem Schreiben

▶ Schreib-Profi, S. 78–82, 94–95

Ich plane meinen Text.

Für wen schreibe ich:
Schreibe ich für mich oder schreibe ich für andere?
Was für einen Text schreibe ich?
Worüber schreibe ich?

2 Beim Schreiben

a) Ich sammele und ordne.
Welche Wörter brauche ich?
Was schreibe ich zuerst, was schreibe ich danach?

b) Ich schreibe den Text.
Welche Hilfen nutze ich?

3 Nach dem Schreiben

a) Ich überprüfe meinen Text.
Kann ich alles lesen und verstehen?
Können andere alles lesen und verstehen?

b) Ich überarbeite meinen Text.
Was möchte ich verbessern?

c) Ich überlege zum Schluss:
Was habe ich gut gemacht?
Was kann ich jetzt?

Abschreiben mit den Wort-Profis

So schreibe ich Mitsprechwörter ab:

▶ Mitsprechwörter, S. 120, 121, 130, 131, 132

Mitsprechwörter abschreiben

1. Ich lese das Wort.
2. Ich spreche das Wort Silbe für Silbe.
3. **Ich höre**, wie ich das Wort schreiben muss.
4. Ich decke **das Mitsprechwort** ab.
5. Ich spreche das Wort Silbe für Silbe und schreibe dabei.
6. Ich spreche das Wort und male **einen Bogen unter jede Silbe**.
7. Ich vergleiche.
8. Ich verbessere.

So schreibe ich Nachdenkwörter ab:

▶ Nachdenkwörter, S. 122–129, 130, 131, 132

Nachdenkwörter abschreiben

1. Ich lese das Wort.
2. Ich spreche das Wort Silbe für Silbe.
3. **Ich denke nach** und **erkläre**, wie ich das Wort schreiben muss.
   - Ich verlängere das Wort.
   - Ich suche ein verwandtes Wort.
4. Ich decke **das Nachdenkwort** zu.
5. Ich spreche das Wort Silbe für Silbe und schreibe dabei.
6. Ich schreibe in Klammern die **Erklärung**: *das Kind (→ die Kinder), die Gräser (→ das Gras)*.
7. Ich vergleiche.
8. Ich verbessere.

Abschreiben mit dem Satz-Profi

So schreibe ich ich Sätze ab:

► Sätze abschreiben,
S. 117, 125, 127, 129, 133

Sätze abschreiben

1. **Ich lese** den ersten Satz.
2. **Ich merke mir** die Wörter bis zum Strich genau.
3. Ich decke die Wörter ab.
4. **Ich schreibe** die Wörter auf.
5. **Ich vergleiche**. Ich streiche Fehlerwörter durch.
6. Ich schreibe die Wörter richtig über die Fehlerwörter.
7. Ich schreibe Teil für Teil so ab.

Beim Satz-Profi denke ich daran:
Ich schreibe nur in jede zweite Zeile.

Methoden zum gemeinsamen Lernen und Arbeiten

In drei Schritten könnt ihr Aufgaben gemeinsam bearbeiten: allein – zu zweit – in der Klasse.

► Think – Pair – Share, S. 20, 21, 22, 25, 27, 37, 45, 77, 86, 88, 99, 101, 103 , 107, 121, 137, 145, 149, 150, 160

Think – Pair – Share

Schritt 1 – allein:
Du erarbeitest für dich Ergebnisse zu einer Frage, zu einer Aufgabe oder zu einem Thema.

Schritt 2 – zu zweit:
Ihr besprecht die Ergebnisse zu zweit oder in einer Gruppe.

Schritt 3 – in der Klasse:
Ihr sammelt die Ergebnisse in der Klasse.

In einem Kugellager könnt ihr eure Meinung äußern und begründen.

► Kugellager, S. 130

Kugellager

- Ihr **bildet zwei Kreise**: einen Innenkreis und einen Außenkreis.
- Der **Außenkreis beginnt**: Die Kinder sagen ihre Meinung und begründen sie.
- Jetzt ist der **Innenkreis dran**: Die Kinder sagen ihre Meinung und begründen sie.
- Nach einer Minute rücken die Kinder im Außenkreis **zwei Plätze nach rechts**.
- Eine **neue Runde** beginnt.

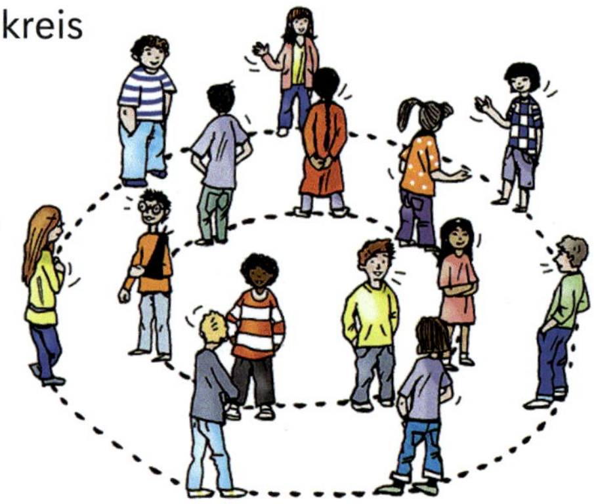

Methoden zum gemeinsamen Lernen und Arbeiten

Notizen helfen mit beim Vortragen.

▶ Notizen machen, S. 17

Notizen machen

- Ich **brauche Karteikarten** und einen **Stift**.
- Ich **schreibe** auf jede Karte **Wörter zum Thema**.
- Ich kann dazu auch Bilder malen.
- Ich **nummeriere** die Karten in der richtigen Reihenfolge.

In einer Tabelle können wir Informationen ordnen.

▶ Eine Tabelle zeichnen, S. 109, 136, 139, 157, 169

Eine Tabelle zeichnen

- Ich brauche ein kariertes **Blatt**, einen **Bleistift** und ein **Lineal**.
- Ich lege das Blatt mit der langen Seite vor mich hin.
- Ich zeichne eine lange Linie. Das ist die **Zeile**.
- Ich teile die Zeile in gleich große Teile und zeichne Linien von oben nach unten. Das sind die **Spalten**.
- In jede Spalte schreibe ich eine Überschrift.

So kann ich unbekannte Wörter klären:

▶ Unbekannte Wörter klären, S. 39, 40, 73

Unbekannte Wörter klären

Ich lese ein Wort, das ich nicht verstehe.
Ich will wissen, was das Wort bedeutet.
Das kann ich machen:

- Ich lese den Satz noch einmal. Ich versuche, das Wort aus dem Zusammenhang zu verstehen.
- Ich frage ein anderes Kind.
- Ich finde die Bedeutung des Wortes in einem Wörterbuch oder im Internet.
- Ich frage meine Lehrerin oder meinen Lehrer.

Methoden zum gemeinsamen Lernen und Arbeiten

Wenn wir andere über etwas informieren wollen, können wir ein Plakat gestalten.

▶ Ein Plakat gestalten, S. 25, 55, 103, 130

Ein Plakat gestalten

- Wir **brauchen** ein großes Blatt **Papier** und dicke **Stifte**.
- Wir finden eine passende **Überschrift**.
- Wir entscheiden, welche **Informationen**/Regeln wichtig sind.
- Wir **schreiben groß** und gut **lesbar**.

Mit einem Cluster können wir unsere Ideen zu einem Thema sammeln.

▶ Einen Cluster anlegen, S. 56, 63, 107

Einen Cluster anlegen

- Wir nehmen ein Blatt **Papier**.
- Wir schreiben in die **Mitte** das **Thema**.
- Wir **kreisen** das Thema **ein**.
- Wir schreiben unsere **Ideen** zum Thema **rundherum**.
- Wir **verbinden** die Ideen **durch Striche** mit dem Thema.

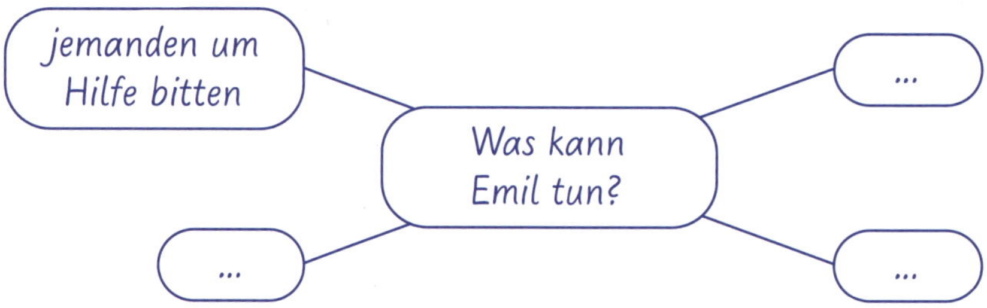

Buchstaben und Laute

a, e, i, o, u bringen Wörter zum Klingen.
a, e, i, o, u heißen **Vokale** (Selbstlaute).

Es gibt auch **Konsonanten** (Mitlaute), zum Beispiel b, f, m.

Manchmal sind **zwei Vokale** verbunden.
Auch **verbundene Vokale (Zwielaute)** bringen Wörter zum Klingen:

ei au eu

Auch **Ä, ä, Ö, ö, Ü, ü** sind Vokale.
Wir nennen sie **Umlaute**.

Jede Silbe hat einen Vokal (Selbstlaut).
Der Vokal bringt die Silbe zum Klingen.

Merkwissen: Rechtschreiben und Grammatik

Großschreibung am Satzanfang, Satzzeichen

Das erste Wort in einem Satz schreiben wir immer groß.
An das Ende von einem Satz setzen wir oft einen Punkt.

Wir stellen Fragen, wenn wir etwas wissen möchten.
An das Ende von einem Fragesatz setzen wir ein Fragezeichen.

Wortart: Nomen

Einige Wörter schreiben wir **immer groß**.
Wir nennen sie **Nomen (Namenwörter)**:

der Stand, das Mädchen, eine Tulpe.

Daran erkenne ich ein Nomen (Namenwort):
Vor einem Nomen steht oft ein **Artikel (Begleiter)**:

der Korb, das Gemüse, die Frau.

Merkwissen: Rechtschreiben und Grammatik

Diese Wörter sind **Nomen (Namenwörter)**:

Nomen benennen **Lebewesen** (Menschen, Tiere, Pflanzen):

der Fisch, das Kind, die Zimmerpflanze.

Nomen benennen auch **Gegenstände**:

der Stuhl, das Buch, die Tür.

Manche Nomen benennen etwas, das wir uns **denken**:

der Tag, das Glück, die Zeit.

Wortart: Verb

Mit **Verben (Tuwörtern)** können wir sagen, was wir und andere **tun**:

wir lachen, ich singe, du malst.

Wortart: Adjektiv

Mit Adjektiven (Wiewörtern) können wir etwas genauer **beschreiben**. Adjektive sagen, **wie** etwas ist:

klein, dünn.

Wörterliste

Wörterliste

Wörterliste

Wörterliste

Wörterliste

Wörterliste

St, st	der Stab, die Stäbe	122
	die Stadt, die Städte	34–35, 48
	der Stand, die Stände	65, 135, 137
	stattfinden (es findet statt)	93
	staunen	116
	der Steckbrief, die Steckbriefe	87, 90–91
	der Stern, die Sterne	87, 158
	das Stichwort, die Stichworte	47, 64
	der Stiefel, die Stiefel	52, 127
	der Stiel, die Stiele	127
	der Stift, die Stifte	8–11, 115, 128–129
	die Stimme, die Stimmen	13–14
	stören	40
	der Strand, die Strände	100
	die Straße, die Straßen	155
	der Strauch, die Sträucher	125
	streicheln	142
	die Strophe, die Strophen	47
	der Stuhl, die Stühle	119, 159
Su, su	suchen	69, 78, 80

T

Ta, ta	der Tag, die Tage	46, 130, 132, 137
	tanzen	56
	die Tasche, die Taschen	61–62, 88–89, 121
	die Taube, die Tauben	116
Te, te	der Teich, die Teiche	111
	der Teller, die Teller	151
Ti, ti	tief, tiefer	45, 151–152
	das Tier, die Tiere	40, 126, 154, 157
	der Tiger, die Tiger	157
	die Tinte, die Tinten	128–129
	der Tisch, die Tische	129, 138–139
	die Titelseite, die Titelseiten	70
To, to	toben	121
	die Tochter, die Töchter	54
	die Tomate, die Tomaten	110, 132, 137
	der Topf, die Töpfe	119
	das Tor, die Tore	150
Tr, tr	der Traktor, die Traktoren	149
	der Traum, die Träume	125
	traurig, trauriger	48, 79, 104
	trinken	129, 144–145, 147
	die Trinkflasche, die Trinkflaschen	159
	tropfen	27, 30
	der Tropfstein, die Tropfsteine	27, 30
	die Tropfsteinhöhle, die Tropfsteinhöhlen	27
Ts, ts	das T-Shirt, die T-Shirts	91
Tu, tu	das Tuch, die Tücher	119
	die Tür, die Türen	52, 138
	der Turm, die Türme	119, 150
	turnen	142

U

Ub, ub	überrascht, überraschter	104
	die Überschrift, die Überschriften	23, 30, 44, 82
	die Übung, die Übungen	118
Uh, uh	die Uhr, die Uhren	62
Un, un	unglücklich, unglücklicher	53, 79
	unten	90
	unter	80
	das Unterhemd, die Unterhemden	121
	der Unterschied, die Unterschiede	91

V

Va, va	der Vater, die Väter	55, 154
Ve, ve	verbieten	37
	verliebt	104
	verlieren	58
	vermissen	80–81
	verraten (er verrät)	60, 70
	der Vers, die Verse	45
	der Verschluss, die Verschlüsse	88–89
	verstecken	61, 77
	verstehen	33, 38, 65
Vi, vi	das Video, die Videos	103, 108
	viel, viele	113, 127
	vier	62
Vo, vo	der Vogel, die Vögel	77–78, 80–82, 140
	voll, voller	53

Quellenverzeichnis

Textquellen

Arabisches Volksmärchen: Der Sohn des Königs (S. 166–167; gekürzt und verändert). Nach: Der Sohn des Königs. Aus: Erika Schröder (Hrsg): Die gläsernen Stiefel. Berlin (DDR: Der Kinderbuchverlag).

Milena Baisch: Anton taucht ab (S. 70, S. 72–73; Auszug). Aus: Anton taucht ab. Kurzfassung in Einfacher Sprache. Übertragen in Einfache Sprache von Yvette Wagner. Weinheim (Gulliver) 2018.
Klappentext, S. 6–11, 23–24.

Elke Bräunling: Allein sein ist nicht schön (S. 48). Aus: R. Krenzer: Ich komme von woanders her. Recklinghausen (Georg Bitter Verlag) 1991. S. 9.

Georg Bydlinski: Wann Freunde wichtig sind (S. 43, Auszug). Aus: Wasserhahn und Wasserhenne. Gedichte und Sprachspielereien. Wien (DachsVerlag) 2002, S. 11.

Chinesisches Märchen: Das Zauberfass (S. 56). Als Bildgeschichte frei nach: Chinesische Märchen. Gesammelt und aus dem Chinesischen übertragen von Richard Wilhelm (1914). Nachdruck von 1985 (Eugen Diederichs Verlag). S. 10–11.

Cornelia Funke: Die geraubten Prinzen (S. 55 [2] oben; Auszug, verändert). Aus: Die geraubten Prinzen. Eine Geschichte von Cornelia Funke mit Bildern von Jörg Mühle. Aus: Geschichten für unterwegs. Leseheft zum Schmökern und Vorlesen. Hamburg (Carlsen Verlag) 2016.

Jacob und Wilhelm Grimm:

Der kleine Däumling (S. 51 [A]; vereinfachter Auszug). Nach: Der kleine Däumling. Aus: Die schönsten Kindermärchen. Rastatt (Arthur Moewig) 1987, S. 65;

Der süße Brei (S. 51 [B], S. 54 [1]; vereinfachter Auszug). Nach: Der süße Brei. Aus: Das große deutsche Märchenbuch. Hrsg.: Helmut Brackert. München (Artemis Verlag) 1994, S. 218;

Der gestiefelte Kater (S. 51 [C], 52–54; gekürzt und vereinfacht). Nach: Der gestiefelte Kater. Aus: Die schönsten klassischen Märchen. Rastatt (Arthur Moewig) 1987, S. 7, 8, 9–11;

Jorinde und Joringel (S. 54 [2], 55 [1] unten; vereinfachter Auszug). Nach: Jorinde und Joringel. Aus: Kinder- und Hausmärchen gesammelt durch die Brüder Grimm. Vollständige Ausgabe auf der Grundlage der dritten Auflage (1837). Hrsg.: Heinz Rölleke. Frankfurt am Main (Deutscher Klassiker Verlag) 1985, S. 74;

Die Sterntaler (S. 55 [1] oben und [2] unten; vereinfachter Auszug). Nach: Die Sterntaler. Aus: Das große deutsche Märchenbuch. Hrsg.: Helmut Brackert. München (Artemis & Winkler) 1994, S. 225.

Vashti Hardy: Molly und das Rätsel von Moorland (S. 71; gekürzt). Aus: Molly und das Rätsel von Moorland. Übersetzt aus dem Englischen von Julia Süßbrich. Weinheim (Gulliver) 2021, Klappentext.

Erich Kästner: Emil und die Detektive (S. 58–62; Auszüge). Aus: Emil und die Detektive. Ein Leseprojekt zu dem gleichnamigen Roman von Erich Kästner. Berlin (Cornelsen Verlag GmbH) 2024, S. 6–7, 17, 23–25, 28–29.

Marianne Kreft: Liebe Aygün (S. 44). Aus: Überall und neben dir: Gedichte für Kinder in sieben Abteilungen. Hrsg.: Hans-Joachim Gelberg. Weinheim (Beltz & Gelberg) 1986, S. 163.

Werner B. Ninte: Was quiekt und kracht in der Lesenacht? (S. 168–169). Originalbeitrag.

Håkon Øvreås: Super-Bruno (S. 170–171, Auszug gekürzt und verändert). Aus: Super-Bruno. Übersetzt aus dem Norwegischen von Angelika Kutsch. München (Carl Hanser Verlag) 2016. S. 34–37.

Norbert van Tiggelen: Für dich (S. 46). Aus: https://www.norbert-van-tiggelen.de/Freundschafts-und-Liebesgedichte.htm (abgerufen am: 18.10.2023).

Renate Welsh: Die Brücke (S. 43, gekürzt). Aus: Das Sprachbastelbuch. Hrsg.: Hans Domengo. München (Jugend und Volk) 1975, S. 37.

Unbekannter Verfasser: Du bist so nett (S. 43). Aus: https://www.spruechetante.de/sprueche-sammlung/index.php/du-bist-so-nett-du-bist-genial-jemanden-wie-dich-gibts-nicht-noch-mal/ (abgerufen am: 18.10.2023).

Unbekannter Verfasser: Aladin und die Wunderlampe (S. 51 [D], Auszug nacherzählt).

Bildquellen

S. 3, S. 26 o.l., S. 27 o.r., S. 29, S. 30 o.l., u., S. 31 o.r., S. 33 o.r.: mauritius images/DP RF; S. 7, S. 160 l., S. 161 o.r, S. 165 o.r.: Shutterstock.com/ayzek; S. 12, S. 13, S. 15, S. 18, S.19, S. 20, S. 21, S. 22: Cornelsen/Oliver Meibert; S. 26 o.r.: Imago Stock & People GmbH/Joana Kruse; S. 26 u.: stock.adobe.com/jamenpercy; S. 27 l.: Shutterstock.com/Vitalii Nesterchuk, S. 27 r.: Depositphotos/Panther Media; S. 28: Shutterstock.com; S. 30 (Höhlenmalerei), S. 31 o.: stock.adobe.com/Alexey Astanin/Oleksii Astanin, (Höhlentiere), S. 31 m.: mauritius images/ P. Widmann, (Höhlenforscher), S. 31.u.: Shutterstock.com/Karkhut; S. 35 (1): Imago Stock & People GmbH/Funke Foto Services, (2): mauritius images/Pitopia; (3): Imago Stock & People GmbH; (4): Shutterstock.com/elmar gubisch; (5): Imago Stock & People GmbH/imagebroker; (6): Imago Stock & People GmbH/Zoonar; (7): mauritius images/Dietmar Plewka; (8): mauritius images/Mickis Fotowelt/Alamy/Alamy Stock Photos; S. 66 (1): Imago Stock & People GmbH/imago/viennaslide; (2): Imago Stock & People GmbH/imago images/Andia; (3): Imago Stock & People GmbH/imago/Hanke; (4): mauritius images/SZ Photo Creative; S. 67 (5): Imago Stock & People GmbH/imago/Hanke; S. 70, S. 71: Gulliver / Julius Beltz GmbH & Co KG; S. 98: Shutterstock.com/PeopleImages.com – Yuri A; S. 102: stock.adobe.com/Cavan Images; S. 106 (1): Shutterstock.com/Chinnapong; (2): Shutterstock.com/Africa Studio; (3): Shutterstock.com/PeopleImages.com – Yuri A; (4): Shutterstock.com/Ground Picture; (5): stock.adobe.com/Firma V, (6): Shutterstock.com/Irina Wilhauk; S. 107 (7): Shutterstock.com/Ground Picture; (8): Shutterstock.com/tovmatros1986; S. 110: stock.adobe.com/Iurii Gagarin; S. 111 o.: Shutterstock.com/Kati Finell; m.: stock.adobe.com/wertinio; u.: Shutterstock.com/Le Panda; S. 112: Shutterstock.com/ Anna Paff; S. 152 l.: Shutterstock.com/Andrea Izzotti, S. 152 m.: mauritius images/Blickwinkel/Alamy/Alamy Stock Photos, S. 152 r.: Shutterstock.com/FineShine; S. 156: Shutterstock.com/ImagineDesign; S. 160 (4): Shutterstock.com/mayer kleinostheim, S. 160 (5): Shutterstock.com/Pakawat Suwannaket, S. 160 (7): Shutterstock.com/IlonaBa; S. 161: Shutterstock.com/anuwattn; S. 162, S. 163, S. 164 (Laptop): Shutterstock.com/ Alex Staroseltsev, S. 162, S. 163, S. 164, S. 165 (Screenshots): Nutzung mit Genehmigung von Microsoft.

Illustrationen

Christian Bartz, Berlin: S. 3 (6), 42–49;
Raimo Bergt, Berlin: S. 4 (4), 5 (2), 5 (4), 76–83, 99–105, 115–159 (Vignette), 164;
Tobias Dahmen, Utrecht: S. 4 (1), 50–57;
Kai Hofmann und Jutta Melsheimer, Berlin: S. 3 (5), 34–41;
Alexandra Langenbeck, Toronto: S. 4 (5), 5 (1), 33, 84–90, 91 (Vignette), 92 (oben), 93-97;
Matthias Pflügner, Berlin: S. 3 (3), 4 (3), 19–25 (Vignette), 67–69, 71 (Vignette), 73–75;
Ulrike Selders, Köln: S. 3 (2), 7 (2), 13–17 (Vignette), 24, 108, 114–159, 161–163, 167–171 (Vignette), 179;
Juliane Steinbach, Wuppertal: S. 166–169;
Dorina Tessmann, Berlin: S. 3 (1), 4 (2), 8 (oben), 10, 11, 14, 17, 58–65, 176–177.